DIE WAFFEN IM WELTRAUM

Die Spitzentechnologie für den Kampf außerhalb der Erdatmosphäre

David Hobbs

PODZUN - PALLAS

Das farbige Nachschlagewerk

DIE WAFFEN IM WELTRAUM

David Hobbs

PODZUN - PALLAS-Verlag GmbH, Markt 9, 6360 Friedberg/H.3.
Deutsche Übersetzung: Alfred W. Krüger
Fotosatz: Brigitte Keller
Technische Herstellung: Buch- und Offsetdruck Ernst Uhl, 7760 Radolfzell/Bodensee
ISBN: 3-7909-0344-2

Bilder: Der Verlag dankt allen Institutionen und anderen Organisationen, die für dieses Buch Bilder zur Verfügung stellten.

Inhalt

Einführung

Der Weltraum wird seit über 25 Jahren militärisch genutzt. Die USA starteten ihren ersten Nachrichtensatelliten 1960 erfolgreich, die Sowjetunion folgte 1962. Seither wurden auf beiden Seiten Satelliten für ein weites, militärisches Anwendungsspektrum entwickelt, vom elektronischen »Lauschen« bis zur Kommunikation. Raumsysteme spielen eine immer größere Rolle für erdgebundene, militärische Operationen.

Die militärische Nutzung des Weltraums wird eindeutig von den beiden Supermächten Sowjetunion und USA beherrscht. Frankreich, Großbritannien und Italien führen militärische Satellitenprogramme durch. Auch die Volksrepublik China hat bereits einige Aufklärungssatelliten in den Raum geschossen. Doch diese Aktivitäten stehen zweifellos im Schatten derer der beiden Großmächte. Die UdSSR startet jährlich rund 100, davon etwa 70% ausschließlich militärische Satelliten, 15% dienen gemischt zivil-militärischen Zwecken. Die USA schossen jährlich rund 20% weniger militärische Satelliten ins Weltall. Diese Disparität in der Raumplazierung von militärischen Satelliten täuscht zunächst, tatsächlich haben die westlichen Erdtrabanten eine größere Lebens- und Funktionsdauer, sie sind darin auch vielseitiger. Die von beiden Mächten aktiv gehaltene Raumkörperzahl liegt bei etwa 120 beiderseits. Die USA nutzen den Vorteil ihrer bewährten, wenn auch durch das Challenger-Unglück verzögerten Transportmöglichkeiten mit den zur Erde wiederverwendbar zurückkehrenden Raumgleitern (Space Shuttle). Die Sowjets verwenden vorerst neuentwickelte, superstarke Trägerraketen für das Verbringen von Nutzlasten in den Raum, ehe auch sie mit ihren, noch in der Erprobung stehenden Raumfähren mit den Amerikanern gleichziehen können.

Gegenwärtig gelten die Hauptanstrengungen beider Supermächte überwiegend Satelliten zur Nachrichten- und Informationsgewinnung über den jeweiligen Gegner sowie der globalen Kommunikation und Navigation. »Stützpunkte« im Raum werden in Ost und West gleichermaßen als »Vervielfältiger« der eignen Kräfte und Möglichkeiten angesehen, um klassische militärische Missionen wirkungsvoller durchzuführen. Neue Technologien führten aber bereits dazu, von »Ermöglichern« zur Verbesserung und Verstärkung eigener Mittel und Möglichkeiten zu sprechen, mit denen sich völlig neue, bislang undenkbare Erwartungen realisieren lassen. Neue, vorhandene oder in Entwicklung stehende Satelliten erlauben

— weltweite Kontrolle von Streitkräften,

Bereitstellungen und Operationen beider (!) Seiten,
— vielfach verbesserte taktische und strategische Kommunikation,
— Allwetternavigation (zu Lande, zu Wasser und in der Luft),
— hochgenaue Waffenablieferung, unabhängig von Reichweiten,
— Maritime Langstrecken-Zielortung- und verfolgung.

Durch Steigerung der Zuverlässigkeit militärischer Satelliten stieg auch die Befürchtung, ein Satellitenverlust im Krieg würde schwerwiegende Nachteile zur Folge haben. Dies führte sehr bald zur Entwicklung von Kampf (»Killer«)-Satelliten und Techniken, mit denen gegnerische Raumkörper auszuschalten oder in ihrer Funktion zu stören sind. Gleichzeitig aber zwang dies zu Maßnahmen zum Schutz eigener Satelliten vor feindlicher Einwirkung. Wo ursprünglich Raumsysteme ausschließlich zur Unterstützung terrestrischer militärischer Operationen gedacht waren, wurde der Weltraum schnell zum übergeordneten wichtigen Gefechtsfeld.

Darüber hinaus darf der »Raumkrieg« nicht mehr nur als Kampf der Satelliten gegeneinander betrachtet werden. Ballistische, strategische Flugkörper fliegen, weit außerhalb der Erdatmosphäre, in hohem Parabelflug durch den Raum zum interkontinental entfernten Ziel. Neue Technologiefortschritte eröffnen Möglichkeiten, sie im Raum, vor Wiedereintritt in die Atmosphäre, zu vernichten. Beide Supermächte setzen für derartige Forschungsprojekte und -programme enorme Mittel und Ressourcen ein, um leistungsfähige, zuverlässige Abwehrflugkörper gegen ballistische Träger oder Wiedereintrittsgefechtsköpfe zu entwickeln. Bevor solche Abwehrwaffen produziert werden und einsatzreif zur Verfügung stehen, müssen immense, technische Probleme gelöst und überwunden werden. Dennoch sind bereits spektakuläre Versuchsergebnisse auf vielen Teilgebieten erreicht worden.

Die Entscheidung, raumstationierte Abwehrwaffen gegen Lang- und Mittelstreckenkörper einzusetzen, hängt davon ab, welche Fortschritte bei der laufenden Forschung gemacht werden. Sie stehen in ursächlichem Zusammenhang mit dem politischen Weltklima und dem Spannungsfeld zwischen den Supermächten zum Zeitpunkt der Verfügbarkeit solcher Abwehrsysteme. Vergessen darf man nicht, daß eine Entscheidung über die militärische Weltraumnutzung bereits vor 30 Jahren fiel. Hier soll versucht werden, die gegenwärtige militärische Nutzung des Weltalls zu beschreiben und die Fortschritte der Forschung aufzuzeigen.

Weltraumkrieg und Strategische Verteidigung

Am 23. März 1983 rief US-Präsident Ronald Reagan die Wissenschaft und Technik in einem historischen Appell dazu auf, »uns die Mittel in die Hand zu geben... nukleare Waffen unschädlich und nutzlos zu machen!« Als direkte Folge dieses nationalen Aufrufs verstärkten und reorganisierten die USA ihre Forschung auf dem Gebiet der ballistischen Flugkörperabwehr. Unter dem weltweit bekannten Sammelbegriff SDI (Strategic Defence Initiative = Strategische Verteidigungs-Initiative), vielfach als (Star War) »Krieg der Sterne« apostrophiert, begann eine zuvor kaum dagewesene Konzentration aller amerikanischen Mittel und Ressourcen auf dieses Ziel. Das Programm, an dem führenden Technologieländer, wenn auch in zunächst geringerem Umfang, beteiligt sind, rief naturgemäß auch zahlreiche Kritiker und Oppositionelle weltweit auf den Plan und heizte die nationale und internationale Diskussion immer wieder an. Anzumerken ist dazu allerdings, daß vielfach oberflächige, aus unterschiedlichen politischen Lagern geschürte Kritik geübt wurde und wird, der aufgrund verständlicher Geheimhaltung keine ausreichende, fundierte Sachinformation zugrunde lag und daher häufig durchsichtige, spekulative Züge anhaften. Wie auch immer, SDI ist und bleibt lange Zeit ein die Welt in Ost und West bewegendes, wichtiges, umstrittenes Thema.

Es gibt viele Gründe für die Strittigkeit dieses Programms. Die Befürworter sehen darin einen grundsätzlichen gangbaren Weg, einen globalen Holocaust, die atomare Vernichtung unserer Erde abzuwenden. Dagegen rücken nicht minder handfeste Argumente über den »Technologischen Fallout oder Spin-Off«, d.h. wirtschaftlich nutzbare »Abfallprodukte«, wie sie die Raumfahrt ja vielfach für die Menschen brachte, in den Hintergrund. Die Gegner, aus welcher Motivation auch immer, argumentieren, damit würde der nukleare Holocaust nur noch wahrscheinlicher, ja realer. Die Sowjetunion sieht in SDI natürlich, neben anderen, nicht minder erkennbaren Beweggründen, eines der größten Hindernisse auf dem Wege, die weltweite nukleare Abrüstung voranzubringen und eine direkte Bedrohung seiner selbst und der strategischen Stabilität abzuwenden, hervorgerufen durch das einen Atomkrieg verhindernde nukleare Patt zwischen den Supermächten. Dies hat die Sowjets jedoch zu keiner Zeit gehindert, eigene, energische Forschungsanstrengungen auf vergleichbaren Gebieten mit derselben Zielsetzung zu betreiben. Danach also arbeiten beide Supermächte an gleichen Programmen zur Erforschung und Verwirklichung von Raumkriegstechnologien, vom Satellitenschutz bis zu Laser- und anderen neuen Waffen zu ihrer Zerstörung.

Vorhandene Systeme

Tatsächlich existieren bereits einige Raumkriegssysteme: Die Sowjetunion besitzt bereits ein einsatzfähiges Antisatellitensystem (ASat), die USA entwickeln eins. Noch können diese Systeme Satelliten nicht in höheren, sondern nur in erdnahen Orbits (Umläufen) zerstören. Weitere Forschungsergebnisse werden sicher in naher Zukunft zur Produktion neuer, leistungsfähigerer ASats führen.

Beide Supermächte sind über diese ASats der anderen Seite und bald verfügbare, noch wirkungsvollere ASat-Technologien beunruhigt. Militärische

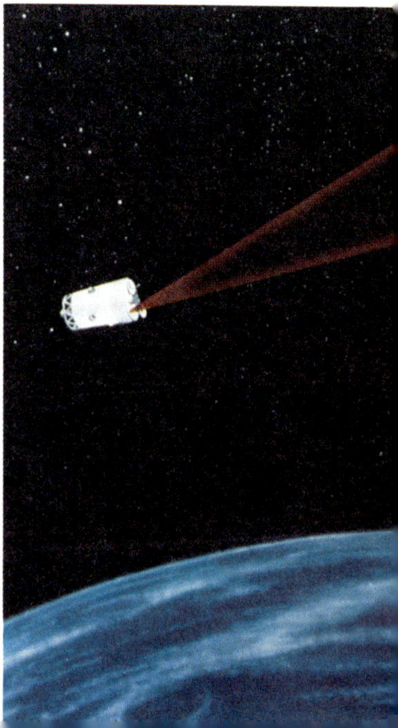

Oben:
Das offizielle Abzeichen der Strategischen Verteidigungs-Initiative (SDI — weithin als »Sternenkrieg« apostrophiert — zeigt symbolisch einen in den Weltraum gerückten (Abwehr) Schild.

Unten:
Viele Leute sehen das Hauptanliegen von SDI in der Entwicklung von Laserwaffen im Raum, tatsächlich beinhaltet das SDI-Programm eine Fülle weiterer Konzepte und Technologien. Die Sowjetunion arbeitet an vergleichbaren Forschungsprogrammen.

Operationen auf der Erde sind in immer größerem Maße satellitengestützt, gleichermaßen für die Navigation, Kommunikation, Aufklärung und vielfältige, andere Anwendungen, so daß Satellitenverluste in einem Konflikt entscheidende Nachteile bringen können. Es bleibt schwierig abzuschätzen, was wirklich zur Minderung der Antisatellitenbedrohung getan werden kann. Abwehrmaßnahmen werden getroffen, wie etwa die Härtung der Satelliten gegen Beschädigungen durch ASats, Ausrüstung zu größerer Wendigkeit bei Ausweichmanövern oder Erschwerung ihrer Entdeckung. Keiner dieser Wege führt aber zur Verringerung der Anstrengungen bei der Entwicklung noch leistungsfähigerer ASats.

Ein Rüstungskontrollabkommen über ASat-Waffen scheint eine attraktive Möglichkeit. Viele Hindernisse müssen jedoch zuvor überwunden werden. Zu berücksichtigen ist dabei, daß ASat-Waffen sehr leicht zu verbergen oder tarnen sind. Daher ist es schwierig, die Erfüllung eines ASat-Vertrages zu verifizieren. Folglich ziehen es beide Supermächte erst einmal vor, in der Weiterentwicklung von ASat-Waffen fortzufahren, um sicher zu sein, daß man dem anderen genügend Schaden an seinem militärischen Satelliten zufügen kann oder dieser bei Einsatz solcher Waffen Vergeltung fürchten muß.

Das Umfeld der Schwierigkeiten für eine ASat-Vereinbarung ist kompliziert. Rund um die ballistische Flugkörperabwehr ist es nicht leichter. Um diese Abhängigkeit verständlich zu machen, ist eine Betrachtung der Philosophie notwendig, die hinter der nuklearen Strategie steht.

Die gegenwärtige Strategie

Derzeit garantieren die Supermächte ihre Sicherheit mit jeweils gewaltigen Arsenalen nuklearer Waffensysteme, darunter vielfältige ballistische strategische Flugkörper, Bomber und Marschflugkörper. Dabei liegt der eindeutige Schwerpunkt bei den nuklearen Interkontinental-Waffensystemen. Dies sind stets große raketengetriebene Flugkörper, dazu bestimmt, ihre verderbenbringenden Nuklear-Gefechtsköpfe mit Geschwindigkeiten von mehreren Kilometern pro Sekunde in den Weltraum zu tragen und — dort angelangt — die Gefechtsköpfe freizusetzen, die ihrerseits ihre vorbestimmten, einprogrammierten oder selbstgesuchten Ziele sehr treffgenau ansteuern. Sind sie erst gestartet, erreichen sie auch ihr Ziel sicher. Einzige Ausnahme bilden Flugkörper, die von leistungsstarken, sowjetischen Flugabwehrwaffen abgefangen werden. Die USA besitzen keine solchen Abwehrsysteme.

Der einzige Weg, die Wirkung dieser Fernwaffen nachhaltig zu verringern, ist sie vor ihrem Abschuß zu zerstören. Dies ist schwierig, da sie entweder in geschützten, unterirdischen Startsilobunkern einsatzbereit gehalten werden oder auf großen, tief getauchten, geräuscharmen Unterseebooten irgendwo auf den Weltmeeren stationiert sind. Es mag gelingen, eine Anzahl landgestützter ICBM/MRBM = Interkontinentale/Mittelstreckenflugkörper) mit, in ihrer Treffgenauigkeit ständig verbesserten

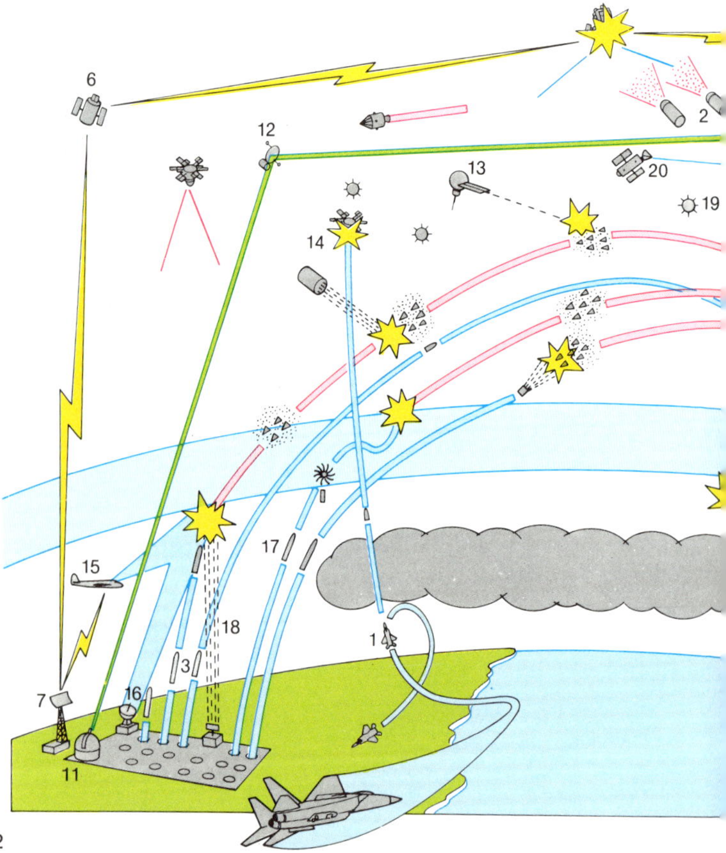

Gefechtsköpfen zu zerstören, obgleich die gegnerischen Flugkörper aus den Silos vor der Annäherung der Gefechtsköpfe (es können bis zu 12 pro Flugkörper sein) gestartet werden. Die unter Wasser gestarteten SLBM sind ziemlich abwehrsicher, da es außerordentlich schwierig ist, die Ubootbasis irgendwo im Ozean rechtzeitig genug zu orten und auszuschalten. Folglich verlassen sich die Supermächte hinsichtlich ihrer Sicherheit auf eine Strategie der gegenseitigen, sicheren Zerstörung, weil tatsächlich — egal, wie entschlossen ein Angriff durchgeführt wird und was der Gegner dagegen unternimmt — kein Mittel existiert, einen massiven nuklearen Gegenschlag des anderen zu verhindern. Entsprechend der gegenwärtigen Strategie-Philosophie wird kein Gegner eine nuklearen Angriff starten, aus Angst vor einer alles verwüstenden Antwort. Diese »Balance« ist das Prinzip der nuklearen Abschreckungsstrategie der NATO, die seit mehreren Jahrzehnten einen Nuklearkrieg zwischen den Supermächten verhinderte, allen ideologischen, militärischen oder ökonomischen Expansionsgelüsten des Ostblocks zum Trotz.

Erhöhte Überlebensfähigkeit

Mit der Vervollkommnung der Treffgenauigkeit ballistischer Flugkörper und der Unterwasserkriegstechniken wuchs der Zwang, die Überlebensfähigkeit ballistischer Flugkörper zu verbessern, um ausreichende Vergeltungskapazität zu behalten. Maßnahmen zur Erhöhung der Überlebensfähigkeit sind beispielsweise die Optimierung der Flugkörper tragenden Uboote und die Vergrößerung deren Flugkörperreichweiten, damit die Uboote sich in einem größeren Seegebiet innerhalb ihrer Zielreichweite »verstecken«, gleichzeitig aber auch in größerer Nähe zu eigenen oder befreundeten, sie schützenden Streitkräften operieren können. Die Überlebensfähigkeit landgestützter ballistischer Flugkörper

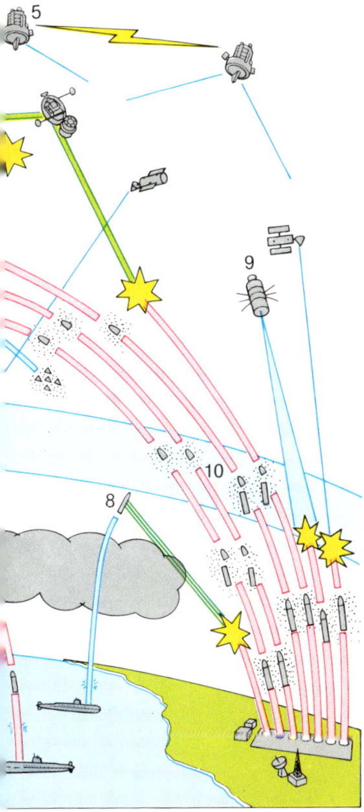

Ein Szenario, in dem beiden Seiten den Gegner mit der Zerstörung seiner Frühwarn- und Kommunikationssatelliten durch luftgestartete (1) und im Orbit fliegende (2) ASats blind machen. Landgestützte ICBM-Startanlagen (3) und Ubootgestützte SLBM (4). Frühwarnsatelliten (5) verfolgen ICBM/SLBM-Starts und geben Informationsdaten über Kommunikationssatelliten (6) an Bodenrelais-, Kontroll-und Leitstellen (7). Dann startet der Gegenschlag, um Trägerflugkörper und Gefechtskopf zusammen in der Startfolgephase zu vernichten. Ubootgestartete Röntgenlaserwaffen (8) und Raum-Laser-Kampfstationen (9) zerstören gestartete ICBM/SLBM. Angriffsflugkörper stoßen aktive und Täuschgefechtsköpfe aus (10). Wiedereintretende Gefechtsköpfe werden von Boden-Laserwaffen (11) mit Raum-Spiegelreflektoren (12), elektromagnetischen Schienenkanonen (13) und durch mit Raketenabfanggeschossen bewaffneten Satelliten (14) bekämpft. Überlebende Gefechtsköpfe werden durch luft- (15) und bodengebundene (16) Sensoren geortet. Zuletzt starten Abfangjäger (17) zur Zerstörung übriger Gefechtsköpfe, die durch »Schwarmjet« (18) Zerstörer abgeschossen werden. Beide Seiten benutzen außerdem Raumminen (19) und andere ASat-Waffen (20).

Foto rechts:
Überlebensfähigkeit nuklearer Streitkräfte kann durch Täuschung des Gegners über deren eigene genaue Standorte erhöht werden. 1970 testeten die USA deshalb die MX-Stationierung in C-5 Galaxy-Transportern. Der Marschflugkörper wird durch einen Zugschirm mit der Startpalette aus dem Laderaum gezogen, stabilisiert und gestartet. Trotz erfolgreicher Versuche wurde dieses Verfahren nicht eingeführt.

Foto unten:
Eine Vielfalt überlebenssicherer Basisalternativen wurde 1970 für das MX ICBM-System vorgeschlagen. Eine nutzte ein weit verzweigtes Eisenbahntunnelnetz zum Verschieben der Flugkörperzüge, deren hydraulisch aufgerichtete Startrampenbehälter die Tunneldecke samt darüberliegendem Erdreich zum FK-Abschuß durchbrechen.

kann durch weitere Härtung von Abschußsilos erfolgen, jedoch nur, wenn der gegnerische Gefechtskopf das Ziel nicht direkt trifft. Dagegen gibt es keine ausreichende Härtung. Viele andere Schutzmethoden sind vorgeschlagen worden, so z.B. ballistische Flugkörper beweglich zu machen, d.h. nicht an stationäre Silos zu binden, oder der Bau aktiver Verteidigungsmaßnahmen rund um die Startsilos zum Abfangen einkommender Gefechtsköpfe.

Der ABM-Vertrag

Der letzte Schritt zur bilateralen Problemlösung war der, wenn auch begrenzte ABM (Anti-Ballistic Missile)-Vertrag. Er erlaubte den USA und der Sowjetunion nicht mehr als je 100 Anti-Flugkörpersysteme zu erhalten, sicher kein überwältigender Schutzbeitrag angesichts mehrerer Tausend strategischer, ballistischer Flugkörper auf beiden Seiten, erst recht dann, wenn ein Angriff mit rund 10.000 Gefechtsköpfen geführt wird.

All diesen Verbesserungen der Überlebensfähigkeit der ICBM-Systeme liegt die Beibehaltung der MAD-Strategie zugrunde. Der ABM-Vertrag selbst wird dabei als Bestätigung des Prinzips interpretiert, daß beide Supermächte ihre Sicherheit durch gegenseitige Verwundbarkeit garantieren. Dies macht die Forschung zur Abwehr ballistischer Flugkörper so widersprüchlich. Es läßt ein Umgehen des MAD-Prinzips zu, was wiederum eine Revolutionierung der nu-

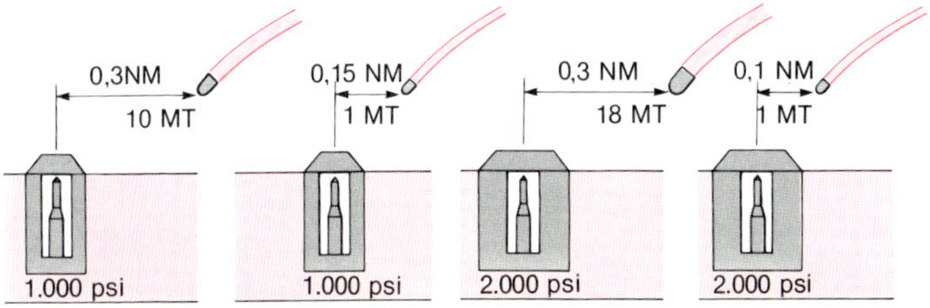

Bild oben: Die Einsatzrolle der Gegenschlagstreitkraft erfordert ICBM's, die das gegnerische ICBM-Potential zerstören, das in gehärteten Startsilos untergebracht ist. Deren Vernichtungswahrscheinlichkeit hängt von der Treffgenauigkeit der einfallenden Gefechtsköpfe ab. Letztere drückt sich in Begriffen aus, wie CEP (Circular Error Probable = Zielfehlerradius oder Treffgenauigkeit in einem Nautischen Meilen-Radius, innerhalb dem 50% der einfallenden Gefechtsköpfe einschlagen). Die Skizze zeigt, daß der CEP der wichtigere Faktor ist: 90% Trefferwahrscheinlichkeit auf ein 1.000 psi (Explosionsdruck) Silo erfordert 10 MT TNT Sprengkraft mit CEP 0.3 NM. Halbiert sich der CEP (also auf 0.15 NM) ist nur 1 MT TNT Sprengkraft nötig. Ähnlich erfordert die Zerstörung eines 2.000 psi Silos 18 MT bei 0.3 NM, bei weniger als 0.1 NM nur 1 MT.
(1 psi = pound per square inch = 0.07 kg/qcm Explosionsbodendruck bei ISA 15 Grad C. 1 NM = Nautische Meile = 1.852 m. MT = Megatonne = 1 Million Tonnen herkömmlichen TNT-Sprengstoffs.)

klearen Abschreckungsstrategie bedeutete.
Vor dieser Revolution der strategischen Doktrin muß herausgestellt werden, daß weitgehende Meinungsunterschiede darüber bestehen, ob großmaßstäbliche Abwehr ballistischer Flugkörper technisch durchführbar und wirtschaftlich machbar wäre.
Obwohl ein genauerer Umriß großmaßstäblicher Abwehr ballistischer Flugkörper derzeit nicht möglich ist, geht man davon aus, daß mehrere »Abwehrschichten« erforderlich sind, die die Wirkung eines Angriffs in seinen verschiedenen Phasen zu »verdünnen«. Die erste Schicht soll Flugkörper kurz nach dem Silostart zerstören, die folgenden Abwehrschichten entsprechend jeweils überlebende Gefechtsköpfe auf ihrer ballistischen Flugbahn, endlich während ihrer (endphasengesteuerten) Zielannäherung. Es ist unsicher, ob solche Abwehrkonzepte vorteilhafte oder entgegenstehende strategische Konsequenzen nach sich ziehen.
Für die Flugkörperabwehr gilt, daß sie die nukleare Auslöschung beseitigt oder wesentlich abschwächt, damit wiederum eine Hinwendung zur Strategie gegenseitigen sicheren Überlebens bewirkt. Strategische Stabilität würde zugleich garantiert, da keiner der Kontrahenten vom nukleraren Schlagabtausch

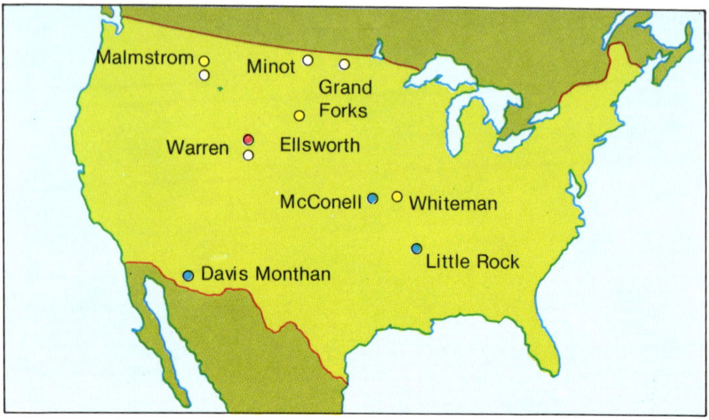

Die zentrale Verteilung der ICBM-Stellungen auf dem nordamerikanischen Kontinent (CONUS) wurde 1987 durch die Außerdienststellung der Titan II weiter aufgelockert. Bisher vom US-Kongreß genehmigte 50 Peacekeeper (MX) werden in ausgewählten Minuteman-Silos stationiert. Die jeweiligen ICBM-Basen sind wie folgt gekennzeichnet: MX = rot, Titan II = blau, Minuteman II = gelb, Minuteman III = weiß.

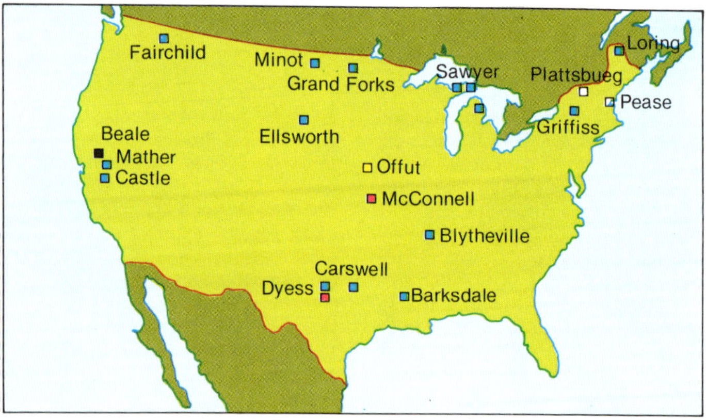

Strategische CONUS-Bomberbasen schließen die der neuen B-1B ein. Zusammen mit ihrer einsatzwichtigen Luftbetankungsflotte von KC-135 und KC-10A stellen sie die dritte (luftgestützte) Säule der amerikanischen, strategischen Triade dar. Basenkennzeichnung: B-1B = rot, verbleibende B-52G/H = blau, EC/RC-135 = gelb, SR-71A und FB-111A = schwarz.

Vorteil hätte. Also hängt Sicherheit nicht von gegensätzlicher Lageeinschätzung und Bewertung eigener Verluste und Schäden ab, sondern von der Wirksamkeit der Flugkörperabwehr.
Solche Abwehr kann nicht über Nacht aufgebaut werden, sondern nur graduell in technisch und wirtschaftlich machbarem Umfang. In dieser Übergangsphase nicht perfekter Abwehr könnten genügend Angriffsflugkörper zur Bewahrung eigener Gegenschlagfähigkeit zerstört werden. Ein Gegner könnte abschätzen, wie viele seiner ICBM er verlieren würde, aber nicht welche. So könnte er keinen vernichtenden ersten Schlag führen und ihn daher nicht versuchen.
Ein Gegner, der mehr Betonung auf Bomber und Marschflugkörper legt, um diese Abwehr zu umgehen oder zu unterlaufen, trägt zur Stabilität bei, da diese Waffensysteme viel langsamer als strategische ballisistische Flugkörper sind und deshalb keinen Gegenschlag provo-

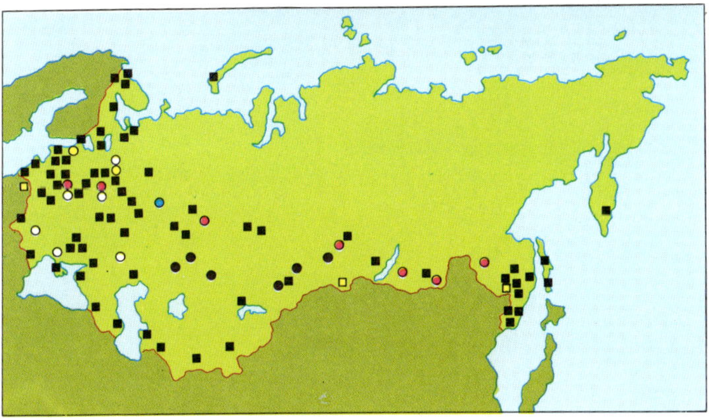

Sowjetische strategische Bomber- und ICBM-Basen sowie Abfangjägerplätze zeigen zwei deutliche Schwerpunkte, je einen im Westen und Osten, mit weiteren Basen entlang der Transsibirischen Eisenbahn-Magistrale. Quadrate bezeichnen Flugzeugbasen: Bomber = gelb, Abfangjäger = schwarz, Kreise die ICBM-Stellungen: SS-11 = rot, SS-13 = blau, SS-17 = gelb, SS-18 = schwarz, SS-20 = weiß.

zieren. Ein weiterer Vorteil der ICBM-Abwehr wäre, daß kleinere Angriffe von Ländern, die künftig eine nukleare Strike-Fähigkeit erlangen, abgefangen werden könnten.

Gegen ballistische ICBM-Abwehr spricht weniger die Frage, wie wirksam sie wirklich wäre, sondern, daß sie stets von Bombern und Marschflugkörpern umgangen werden kann. Damit bliebe die Drohung eines nuklearen Holocaust weiter bestehen. Außerdem könnte ein Sicherheitsgefühl die Supermächte dazu führen, weniger Selbstbeschränkung bei der Durchsetzung ihrer Interessen zu üben und die Gefahr eines Krieges zu erhöhen, der alles endgültig auslöscht, auch wenn die Bedrohung durch Bomber und Marschflugkörper bestehen bleibt.

Schwächen im Orbit

Ein weiteres, sowohl technisches als auch strategisches Argument ist, daß raumstationierte Elemente der Abwehrsysteme einer Seite durch Angriffe von Raumwaffen der anderen Seite verwundbar wären. Erdumlaufende Komponenten müßten vorbestimmbaren Umlaufbahnen folgen, sie wären auch größer und zahlenmäßig kleiner als die große Gefechtskopfzahl eines ballistischen Flugkörperangriffs. In Spannungszeiten bestünde deshalb die permanente Versuchung des Gegners, Systeme auszuschalten, ehe dieser versuchen könnte, dasselbe zu tun. Dann bestünde ein großer Anreiz für einen Erstschlag, der des Gegners Abwehr zerstört, ihn selbst aber mit einer funktionierenden Abwehr konfrontiert. Der Aufbau eines Abwehrnetzes auf einer Seite könnte Druck auf die andere ausüben, einen Erstschlag zu führen, solange noch eine Chance dazu besteht.

Eine andere strategische Betrachtung gilt der Wirkung eines Flugkörperabwehrsystems auf die Beziehungen der USA mit ihren Alliierten, die beunruhigt sind, wenn die USA und die Sowjetunion allein gut verteidigt sind, zumal sie von einem Krieg in Europa weniger betroffen wären. Wenngleich viele der untersuchten Abwehrtechnologien sich auch für Europa eignen, bleibt die Sorge bei den europäischen Verbündeten, insbesondere in der Bundesrepublik als Nächstbetroffenem, weil bei der Neutralisierung der ICBM-Bedrohung die Bedeutung der konventionelle Überlegenheit des Ostblocks eine neue Dimension erhält. Gegenwärtig ist der Warschauer Pakt sowohl in nuklearen Bombern als auch konventionellen Streitkräften in Europa der NATO weit überlegen. Eine beidseitige Flugkörperabwehr würde dieses Ungleichgewicht noch verstärken und die Verunsicherung erhöhen.

Ob solche Abwehrsysteme darüber hinaus die amerikanischen Verpflichtungen zur Verteidigung Europas beeinflussen, obliegt letztlich politischer, nicht technischer Beurteilung.

Selbst ein gut verteidigtes Amerika muß weniger Angst vor sowjetischer Vergeltung haben und ist daher sicherlich eher bereit, sich in Westeuropa zu engagieren. Umgekehrt könnten die USA sich

Einige Konzepte wurden im Rahmen der amerikanischen BMD (Ballistic Missile Defence) untersucht, darunter boden- und raumgestütze Elemente, die teils in absehbarer Zeit realisierbar erscheinen. Andere aber, wie z.B. Direktenergiewaf-

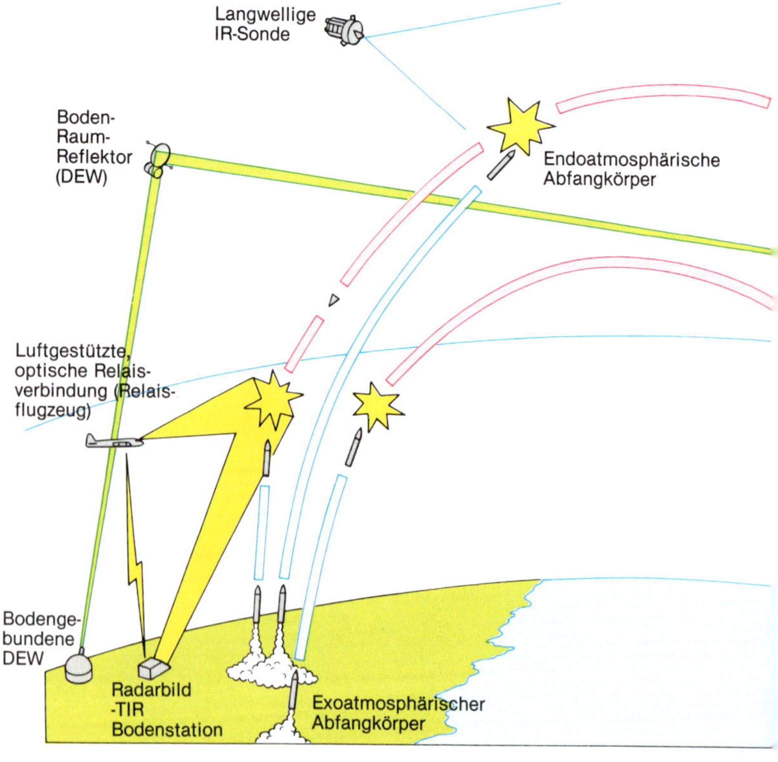

Links:
Das Bild mag alte Artilleristen an frühere, große Eisenbahngeschütze erinnern. Auf der Suche nach höherer Überlebensfähigkeit ihrer ICBM-Systeme entschied sich die UdSSR für die mobile Eisenbahnstationierung der neuen SS-24 mit 10 MIRV (Zehnfachgefechtskopf) etwa ab 1988/89, die seit 1986 zunächst in Silos ausgesonderter Systeme untergebracht sind.

fen (DEW) und im Orbit stationierte Reflektoren, erfordern noch zeitraubende Technologiefortschritte.

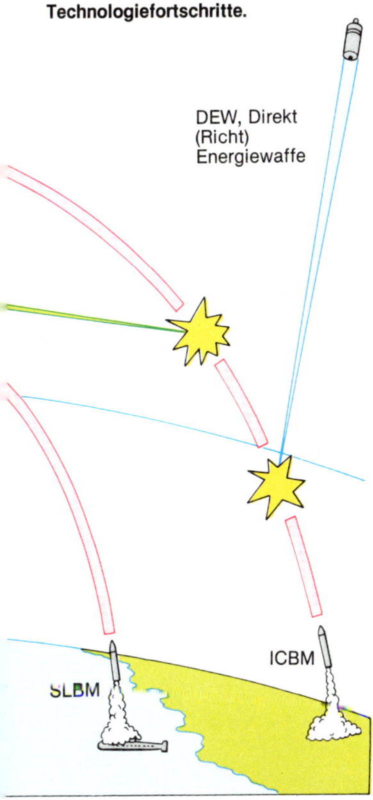

zum Verlassen Europas entscheiden, wenn die nationale Verteidigung Vorrang gewänne. Daß dies nicht eintritt, hat die US-Regierung immer wieder versichert.

Ein weiterer Diskussionspunkt ist die Auswirkung einer Anti-Flugkörperverteidigung (BDM) auf die Flugkörperstreitkräfte in Großbritannien (UK) und Frankreich, die groß genug sind, ein herkömmliches Abwehrsystem zu durchdringen, aber mit den riesigen Arsenalen der Supermächte nicht vergleichbar und durch deren supermoderne Flugkörperabwehr recht wirkungslos würden. Viel hängt vom Aufstellungszeitplan der Flugkörperabwehrsysteme ab. Im Laufe einer oder zwei Dekaden des nächsten Jahrhunderts könnten die beiden westeuropäischen Abschreckungsstreitkräfte durch andere Waffensysteme, etwa Marschflugkörper und Bomber, im Zuge normaler Modernisierung ersetzt werden. Käme es zu einer früheren Einführung der FK-Abwehr, müßte diese mit enormen Anstrengungen finanziert werden, bevor gegenwärtige Waffensysteme wegen Überalterung plan- und haushaltsmäßig zu ersetzen sind.

Kanadische Bedenken

Kanada hat ebenfalls besondere Sorgen. Technische Betrachtungen mögen dafür sprechen, einige der US-Abwehrelemente wirkungsvoll auf kanadischem Boden zu stationieren. Dies könnte zugleich zusätzlichen Schutz für das Gastland, aber ebenso höhere Angriffsgefährdung für Kanada bedeuten. Außerdem müßte mit innenpolitischem Widerstand gegen die Aufnahme amerikanischer FK-Abwehreinrichtungen gerechnet werden.

So wenig reizvoll einige dieser Konsequenzen auch für die USA und ihre Verbündeten erscheinen mögen, muß doch daran erinnert werden, daß nicht nur die USA daran arbeiten, Technologien für die Abwehr ballistischer Flugkörper zu entwickeln. Auch die Sowjets haben vor längerem ein enormes Forschungsprogramm begonnen. Es beruhigt auch niemanden im Westen die Aussicht, daß es der UdSSR gelingen könnte, solche Abwehrsysteme zu installieren, ohne daß die USA alsbald folgen könnten. Die Gefahren einer solchen Situation mit strategischen Konsequenzen liegen auf der Hand.

Stationierungsfolgen

Die Analyse möglicher Konsequenzen bei der Stationierung ballistischer Flugkörperabwehrmittel ist sicher hypothetisch, solange keine Entscheidung über den Stationierungsbeginn getroffen wurde oder weitere Forschungsergebnisse vorliegen. In den USA wird vor 1990 keine solche Entscheidung zu erwarten sein, zumal keine gesicherten Erkenntnisse vorliegen, wann die Sowjetunion ihrerseits technologisch in der Lage oder polititsch vorbereitet sein wird, in großem Maßstab Flugkörperabwehrsysteme zu installieren. Strategische Folgerungen hängen sowohl von den technischen Fähigkeiten bei der Abwehrstationierung als auch davon ab, welches strategische Umfeld zu gegebener Zeit vorherrscht.

Beispielsweise könnten die Supermächte übereinkommen, nur gewisse Abwehrmitteltypen zur Sicherung der Überlebensfähigkeit ihrer landgestützten Flugkörper als Teil eines Rüstungskontrollabkommens einzuführen, statt diese Übereinkunft zu unterminieren. Auch könnten sie sich darauf verständigen, zu einer Strategie gestützt auf weiterentwickelte Abwehr und verminderte Stärken bei ballistischen Flugkörpern, Bombern und Marschflugkörpern zurückzukehren. Zugegebenermaßen würde die Eliminierung nuklearer Offensivstreitkräfte — obendrein auf beiden Seiten — eine gute Basis für ein solches Abkommen bilden, sofern beide Supermächte einander hinreichend Vertrauen entgegenbringen und eine gegenseitige Versicherung, einen Mix defensiver und of-

Das amerikanische Warnsystem (BMEWS — Ballistic Missile Early Warning System) gegen ballistische Flugkörper. Satelliten entdecken sowjetische ICBM-Starts binnen 90 Sekunden, warnen sofort Bodenstationen in Guam und in Australien. BMEWS verfolgt, identifiziert die Flugkörper und Wiedereintrittskörper (Gefechtsköpfe), berechnet ihre Zielpunkte. SLBM-Warnungen kommen von Satelliten und Pave Ways, während FPS-85 Frühwarnradaranlagen die Bedrohung von Süden her abdecken.

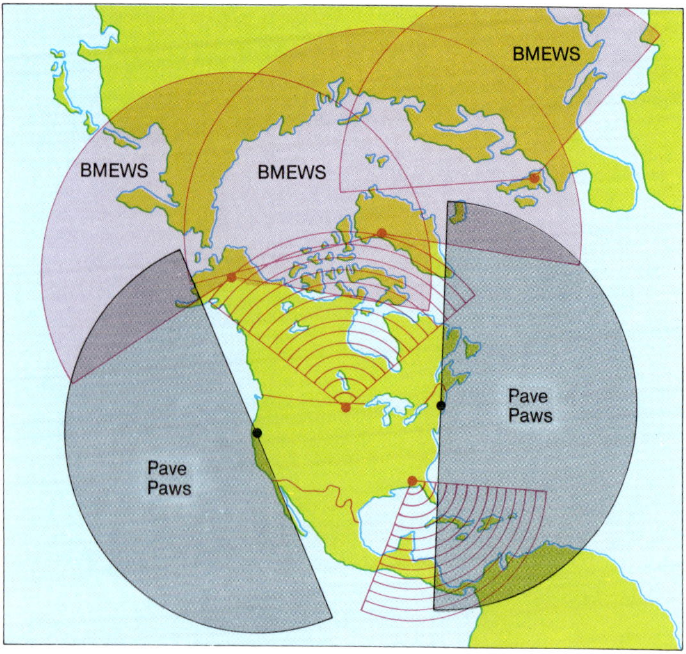

fensiver Streitkräfte akzeptieren, wenn auch dritte Nationen eigene Nuklearstreitkräfte verfügbar hätten.

Destabilisierendes Potential

Andererseits könnten defensive Stationierungen als Teil eines Rüstungswettlaufs vorgenommen werden, mit denen jede Seite versucht, der anderen Abwehrmaßnahmen durch Verstärkung ihrer ballistischen Flugkörper, Bomber und Marschflugkörper zu durchkreuzen. Dies würde zweifellos destabilisieren und wäre extrem kostspielig. Theoretisch möglich wäre auch der Aufbau wirksamer Verteidigungsmittel, um jeden Angriff unmöglich zu machen, selbst angesichts einer immensen Vervielfachung der Bedrohung, mit der Folge nach höheren technischen und finanziellen Aufwandes als bei schon heute immens teurer Neutralisierung bestehender ballistischer Flugkörper.

Solche Argumente zeigen, daß der Wert des Aufbaus ballistischer Flugkörperabwehrstreitkräfte künftig von verschiedenen Faktoren, nicht nur technischen Bewertungen von Wirksamkeit und Kosten, abhängt. Ebenso bedeutsam bleiben die Entwicklung der Ost-West-Beziehungen im Falle von Stationierungen, die Existenz einer Rüstungskontroll-Rahmenvereinbarung dafür und das Verhalten der Verbündeten. Ob solche Verteidigungsmaßnahmen letztlich technisch und ökonomisch machbar und strategisch wünschbar sind, kann derzeit — trotz Behauptung des Gegenteils unmöglich beurteilt werden. Wäre es wirklich offensichtlich, daß solche Abwehr völlig unpraktisch wäre, würden weder die USA und die Sowjetunion vermutlich derart astronomische Summen in die Abwehrforschung investieren, noch wären die Sowjets über die amerikanischen Abwehrforschungsausgaben derart alarmiert.

Die UdSSR besitzt das leistungsfähigste Frühwarnsystem gegen ballistische Flugkörper und Luftangriffe. Dies ballistische FK-Warnsystem beinhaltet ein FK-Start-Aufspürsatellitennetz, über-den-Horizont-Radaranlagen und zahlreiche, phasenmodulierte »Hen House« Radarstellungen entlang der sowjetischen Grenzen. Nach Meinung der USA verletzt das vieldiskutierte Krasnojarsk-Superradar den ABM-Vertrag.

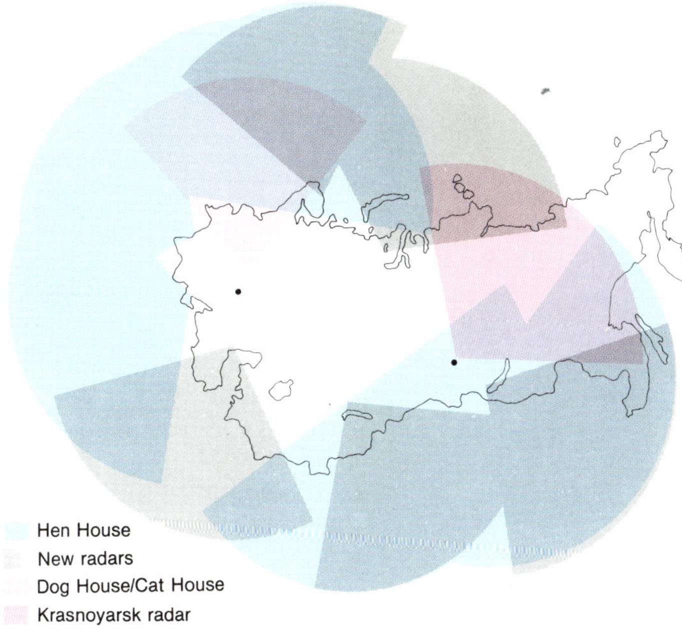

Der Weltraum-Wettlauf

Am 3. Oktober 1942 starteten deutsche Wissenschaftler eine A-4 (V2) Rakete. Sie flog 190 km weit und erreichte eine Höhe von 80 km. Dies veranlaßte einen an der A-4-Entwicklung beteiligten Forscher zu der Bemerkung: »Heute wurde das Raumschiff geboren!« Indes, die A-4 war nicht zur Erkundung des Weltraums bestimmt, sondern mit einer Tonne Sprengstoff beladen für Angriffe auf London und Antwerpen vorgesehen. Nach Ende des Zweiten Weltkriegs »sammelten« die USA wie auch die Sowjetunion alle Raketenwissenschaftler, vorgefundenes Material und Ausrüstung ein und setzten sie, unter mehr oder weniger Zwang, für ihre eigenen Anstrengungen beim Bau von Raketen und Raumstartern ein.

Es überraschte die USA denn auch, daß die Sowjets am 4. Oktober 1957 den ersten künstlichen Erdtrabanten ins All schossen. Der »Sputnik 1« wurde vom Cosmodrom (Raumfahrtzentrum) Baikonur gestartet, umkreiste die Erde drei Wochen lang und sendete dabei Signale zur Bodenstation. Am 3. November folgte der »Sputnik 2«, erstmals mit einem Lebewesen, einem Hund namens Laika, an Bord.

Bis dahin war das amerikanische Raumfahrtprogramm nur mit recht gemächlichen Schritten mit einer breiten Skala von Forschungsvorhaben, oft einander rivalisierenden, statt kooperierenden Realisierbarkeitsstudien vorangekommen, nun aber bekamen die USA einen regelrechten Schock durch den sowjetischen Erfolg. Das Selbstvertrauen der Amerikaner war dadurch angekratzt. Die Folge war ein dramatisch expandierendes US-Raumfahrt- und Raketenprogramm, stark beschleunigt durch den gewaltigen, militärischen Fortschritt der Russen in der Weltraumfahrt. Wenn die Sowjets ein Objekt im All plazieren konnten, waren sie auch fähig, Raketen zum Angriff auf den amerikanischen Kontinent zu bauen. Es schien offensichtlich, daß sich die USA nicht länger selbst verteidigen konnten.

Explorer 1

Ende Januar 1958 wurde das amerikanische Selbstverständnis dann halbwegs wiederhergestellt, als der erfolgreiche Start ihres ersten Forschungssatelliten »Explorer 1« gelang. Doch der erste »Sputnik«-Schock hatte immerhin wachgerüttelt und bewirkt, daß den USA bewußt wurde, daß sie im Raum und in der Raketentechnologie hinter den Sowjets lagen und schleunigst aufholen mußten. Die US-Anstrengungen, gleichzuziehen, waren sehr teuer und brachten eine Reihe herber Enttäuschungen. In zwei Jahren nach dem »Sputnik 1«-Start führten die Sowjets fünf weitere Raumstarts durch — alle erfolgreich! Die USA unternahmen 30 Starts, von denen 19 nicht er-

Bild links:
Mit dem Start des »Sputnik 1« am 4. Oktober 1957 begann alles. Die ganze Welt war überrascht und erstaunt, die USA konsterniert. Sie hatten bis dahin keine Ahnung, daß die Sowjets technisch soweit voraus waren.

Bild rechts oben:
»Explorer 1« auf dem Abschußtisch, er flog am 31. Januar 1958 in den Raum, arbeitete perfekt und stellte das Selbstbewußtsein der Amerikaner wieder her. Die Bordinstrumentierung bewährte sich, der Van Ellen-Gürtel wurde damit entdeckt.

Bild rechts:
Rund vier Monate nach dem Start des 14 kg (!) schweren »Explorer 1« in den USA, schossen die Sowjets ihren dritten Sputnik ins All, er wog 938 kg und blieb bis zum 6. April 1960 im Erdorbit.

UE

Das Kapitel der ersten amerikanischen Fehlschläge wurde wesentlich von den wenig erfolgreichen »Discoverer«-Serien geschrieben. »Discoverer 1« (Bild) startete am 28. Februar 1958, erreichte aber seine Umlaufbahn nicht. Auch die folgenden 11 Abschüsse scheiterten aus vielerlei Gründen. Mit »Discoverer 13« kam dann der erste durchschlagende Erfolg.

folgreich waren. Die US-»Discoverer«-Fotoaufklärungssatelliten arbeiteten noch ziemlich unzuverlässig. Der erste Startversuch erfolgte am 28. Februar 1958, doch der Satellit erreichte den vorgesehenen Orbit (Umlaufbahn) nicht. Elf weitere Versuche schlugen aus unterschiedlichen Gründen ebenso fehl. Erst am 10. August 1959 kam der »Discoverer 13« erfolgreich in die richtige Erdumlaufbahn zu seiner Fotoaufklärungsmission. Trotz vieler Rückschläge erreichten die USA bis Anfang 1960 einige bemerkenswerte Erfolge, einschließlich der ersten Aufklärungs-, Wetter-, Navigations-, Frühwarn- und Nachrichtensatelliten. Inzwischen hatte die Sowjetunion einen noch spektakuläreren »Erstflug«, nämlich der ersten Mondsonde, zu verzeichnen. Am 12. April 1961 waren die Sowjets die ersten, die einen Menschen, den berühmt gewordenen Kosmonauten Juri Gagarin, in der Raumkapsel »Wostok 1« ins All schossen. Er vollendete einen Erdumlauf und gelangte sicher zur Erde zurück. Der erste amerikanische Raumfahrer, hier Astronaut genannt, war Alan Shepard Jr. Obwohl nicht im Orbit, flog er mit der »Mercury«-Kapsel am 5. Mai 1961 ins All. Ihm folgte im Juli 1961 Virgil »Gus« Grissom mit einem ähnlichen Flug.

Sowjetisches Nachziehen

Schon am 6. August 1961 starten die Sowjets »Wostok 2« mit German Titow an Bord, der die Erde in 25 Stunden 17 Mal umkreiste. Erst am 20. Februar 1962 flog ein Amerikaner in einer Umlaufbahn, es war John Glenn an Bord der »Mercury«-Kapsel »Friendship 7«, die den Erball in knapp fünf Stunden dreimal umrundete. Der amerikanische Vorsprung bei militärischen Satelliten war kurzlebig. Im Laufe des Jahres 1960 schickten die Sowjets Satelliten mit ähnlichen Aufträgen ins All. Aber noch mehr beunruhigte die USA der sowjetische Vorsprung in der bemannten Raumfahrt und die dafür erforderlichen starken Trägerraketen, denn Raumträgerraketen waren oft nur modifizierte militärische Flugkörper, die ohne Zweifel genauso fähig waren, nukleare Nutzlasten an jeden Punkt der Erde zu tragen. Dagegen gab es keine Abwehr! Die Angstvorstellung der Amerikaner war so leicht verständlich, wenn eine Bombardierung aus dem All erfolgen könnte. Genauso war die Furcht vor der Möglichkeit der Sowjets, den amerikanischen Satelliten mit Antisatellitenwaffen die »Augen blind, die Ohren taub« zu machen. So startete — im Wahlkampf um die US-Präsidentschaft — John F. Kennedy im Oktober 1960 eine landesweite Kampagne, die den Amerikanern klar machte: ...»Wir stehen in einem strategischen Weltraumwettlauf mit den Sowjets, und wir haben verloren... die Kontrolle des Weltraums wird in den nächsten Dekaden entschieden..., wenn die Sowjets den Raum kontrollieren, kontrollieren sie die Erde gleichermaßen, wie in früheren Jahrhunderten die Seemächte die kontinentalen beherrschten...«. In der Tat waren zahlreiche Konzepte und Argumente der laufenden Debatten über den Weltraumkrieg bereits aus den späten 50er und frühen 60er Jahren her bekannt. Ideen, vom Verzicht auf Raumfahrt, der Raumkontrolle, aber auch »der Raum als neues Hochziel« kamen auf. Die Forschung für Antisatellitenwaffen und ballistische Flugkörperabwehr begann.

Die Vereinigten Staaten waren über den internationalen Prestigeverlust und um ihr Ansehen besorgt. Die sowjetischen Raumfahrterfolge stellten Amerikas bis dahin technologische Überlegenheit in Frage, wie der erste »Sputnik«-Start es getan hatte. Demzufolge erklärte Präsident Kennedy 1961, Amerika werde eine bemannte Mission zum Mond noch vor Ende des Jahrzehnts durchführen — ein höchst anspruchsvolles, unerhört kostspieliges Programm, das das Selbstvertrauen der USA und seinen technologischen Status wiederherstellen sollte.

Die 60er Jahre waren dann wirklich ein Jahrzehnt intensiver Raumfahrtaktivitäten mit großem, weltweiten Interesse, das sich vornehmlich auf die bemann-

Der sowjetische Kosmonaut, Major Juri Gagarin, vollendete einen Orbit und kehrte am 12. April 1961 sicher zur Erde zurück. Er war der erste Mensch, der sich mutig in den Raum hinausgewagt hatte.

Bild links:
Eines der erfolgreichsten, sowjetischen Raumfahrzeuge war die »Wostok«-Kapsel. Die genauere Betrachtung des Bildes zeigt die noch große Einfachheit dieser Entwicklung, die aus Festigkeitsgründen noch Kugelform hatte.

ten Raumflüge der Amerikaner und Sowjets konzentrierte. Nach John Glenns Erdumkreisung folgten drei weitere »Mercury«-Missionen, die letzte 1963. Die sowjetischen Raumflüge wurden einen Monat später nach dem Start von »Wostok 6« eingestellt, mit der die erste Frau, Valentina Tereschkowa, die Erde verließ. Sie flog 5 km weit an dem zwei Tage früher gestarteten »Wostok 5« vorbei, der kurz nach »Wostok 6« auf der Erde landete. Nach einjähriger Pause begannen im Oktober 1964 neue sowjetische bemannte Raumflüge mit dem Raumschiff »Woschkod 1« aus der »Wostok«, weiterentwickelt mit drei Kosmonauten an Bord. Dem folgte im März 1965 »Woschkod 2« mit zwei Kosmonauten, von denen Alexej Leonow das Raumschiff verließ und als erster Mensch frei im Weltraum »spazierenging« (wenn auch mit einer Versorgungs- und Sicherheitsleine verbunden). Danach stoppten die Sowjets ihre bemannten Raumfahrten für weitere zwei Jahre, in denen die Amerikaner zehn Missionen mit einer neuen, gegenüber der »Mercury« wesentlich verbesserten Zweimann-»Gemini«-Kapsel durchführten, mit dem Ziel zwei Wochen lang im All zu bleiben. Die erste bemannte »Gemini«-Mission startete im März 1965, die letzte im November 1966. Etliche »Gemini«-Kapseln dockten dabei an unbemannte »Agena«-Raumfahrzeuge an und demonstrierten eine Technik, die für die spätere Mondmission von großer Bedeutung war.

Das Folgejahr begann mit einer Raumfahrttragödie: Drei Astronauten, Virgil Grissom, Edward White und Roger Chaffee, verbrannten in der »Apollo«-Kapsel, als diese bei einem Starttraining Feuer fing. Als dann im April die erste sowjetische »Sojuz«-Mission mit einer Katastrophe endete, da sich die Kapsel in ihren Fallschirmen verhedderte, hart auf die Erde aufschlug und den Kosmonauten Wladimir Komarow tötete, fanden bis zum Oktober 1968 keine bemannten Raumflüge mehr statt. In diesem Monat startete »Apollo 7« zu ei-

Als Mitte der 60er Jahre das US-»Gemini«-Programm in Gang kam, wurde eine gegenüber dem Vorgänger »Mercury« wesentlich verbesserte, größere Zweimannkapsel eingeführt. Im Bild Ed White als erster US-Astronaut nach dem Verlassen von »Gemini 4« im Juni 1965 bei seinem »Weltraumspaziergang«. Drei Monate zuvor hatte dies bereits Alexej Leonow, als erster Mensch überhaupt, getan.

Bild links:
Ihren größten Raumfahrttriumph hatten die Amerikaner, als zwei Astronauten am 21. Juli 1969 als erste Menschen die Mondoberfläche betraten. Das Bild nahm Bordkommandant Neil Armstrong von Ed Aldrin bei der Aufstellung wisschenschaftlicher Instrumente und Versuchen auf dem Mondboden auf. Im Hintergrund die Mondfähre.

Bild unten:
Ed Aldrin packt hier aus der Mondfähre Teile der mitgenommenen Nutzlast aus, ebenfalls fotografiert von Neil Armstrong. Mit dieser Mondmission wurde Präsident Kennedys 1961 gegebene Zielsetzung, noch vor Ende des Jahrzehnts einen Mann auf dem Mond zu landen, erfüllt. Bis heute haben dies die Sowjets noch nicht nachvollzogen.

ner 11 Tage-Mission, um Ausrüstung und Techniken für die Unternehmung zum Mond zu testen. Auch die Sowjets starteten erneut einen Raumflug mit »Sojuz 3« und einem Kosmonauten an Bord. Dabei dockte die Kapsel an der unbemannten »Sojuz 2« an. Im Dezember 1968 brach endlich »Apollo 8« mit drei Astronauten zu einer sechstägigen Mondumrundungsmission auf.

Raumrettungsversuche

Im Januar 1968 starteten »Sojuz 4« und »Sojuz 5« mit eintägigem Abstand. »Sojuz 4« hatte nur einen Kosmonauten an Bord, während »Sojuz 5« mit drei Mann unterwegs war. Zum ersten Mal dockten dann zwei bemannte Raumfahrzeuge aneinander zu, wobei zwei »Sojuz 5«-Kosmonauten in »Sojuz 4« für die Rückkehr zur Erde umstiegen. Dies war im Grunde eine simulierte Rettungsaktion.
Im März 1969 wurde dann die amerikanische Mondfähre mit »Apollo 9« getestet, die später mit Astronauten auf dem Mond landen sollte. In der Mondfähre saßen zwei Astronauten, die die Funktion der Abstiegs- und Bremsraketen der Landestufe für Mondlandemanöver testeten, nach deren Abwurf sie das Kommandantenmodul der Mondfähre mit ihren Hub- und Manöverraketen wieder zum »Apollo«-Raumschiff zurückflogen. Zwei Monate später führte »Apollo 10« eine ähnliche Mission durch, diesmal rundum den Mond. Als Mondlandetest stiegen die Astronauten mit der Mondfähre bis auf 15 km Höhe über der Mondoberfläche ab.
Im Juli 1969 schließlich begann die erste Mondlandung der Menschheits-, Luft- und Raumfahrtgeschichte mit »Apollo 11« und Kommandant Neil Armstrong und Edwin »Buzz« Aldrin, die mit der Mondfähre auf den Mond abstiegen, während Michael Collins im Kommandantenmodul solange im Mondorbit blieb. Am 21. Juli 1968 war dann Neil Armstrong der »erste Mann auf dem Mond«, er setzte als erster Mensch überhaupt den Fuß auf die staubige Mondoberfläche. Das war die amerikanische Zielsetzung!
Im Oktober 1969 startete die Sowjetunion »Sojuz 6/7/8« an aufeinanderfolgenden Tagen. Die drei Raumkapseln führten außerordentliche Manöver durch, näherten sich einander sehr dicht, dockten aber nicht an. Zum ersten Mal befanden sich drei bemannte Raumfahrzeuge gleichzeitig auf einer Mission im All. Die letzte Raummission der 60er Jahre sah im November 1969 »Apollo 12« bei einer erneuten Mondlandung. Hierbei sammelten die Astronauten Mondgesteinsproben ein und ließen

CE
SKYBOLT
EXPLOSIVES

eine Reihe wissenschaftlicher Instrumente auf dem Mond zurück.
Obwohl der bemannte Raumflug in den 60er Jahren in aller Welt Aufmerksamkeit erregte, wurden gleichzeitig zahlreiche weitere, unbemannte Raumflüge durchgeführt. Beide Supermächte begannen das Erdumfeld mit den verschiedensten Forschungssatelliten zu »sättigen«.
Die Mehrzahl dieser Satelliten wurde ringsum die Erde in unterschiedlichen Umlaufbahnen geparkt, um den Planeten selbst (von oben) zu erforschen, astronomische Beobachtungen des Weltalls durchzuführen und sogar Sonden zum Mond, Mars und zur Venus zu schicken.

Dramatisches Wachstum

In den 60er Jahren stieg die Zahl militärischer Raumaktivitäten dramatisch an. Am Ende dieses Jahrzehnts hatten beide Supermächte militärische Satelliten für Foto- und elektronische Aufklärung, Navigation, Kommunikation, Frühwarnung und Wetterbeobachtung im Einsatz. Die jährliche, militärische Satellitenstartrate stieg von 15 im Jahr 1960 auf über 100 bis Ende 1967. Wenngleich die Masse erst gegen Ende der Dekade ins All kam, ergibt sich doch ein Jahresdurchschnitt von rund 100 militärischen Satellitenstarts, deren Zahl seither in etwa beibehalten wurde. Die Verteilung der Satellitenstarts veränderte sich in den 60er Jahren vielfach, auch wenn die Zahl von US-Militärsatelliten von 55 im Jahre 1966 allmählich abnahm und 1969 noch 29 betrug. Dies lag vornehmlich in der längeren Lebensdauer der Aufklärungssatelliten begründet. Demgegenüber steigerten die Sowjets ihre Satellitenzahl fortlaufend von fünf im Jahre 1962 auf 66 in 1969.
Beide Supermächte entwickelten in den 60er Jahren natürlich auch Antisatellitenwaffen. Der erste ASat-Test fand tatsächlich 1959 statt, als die USA einen zweistufigen Flugkörper von einem B-47 Jetbomber aus abfeuerten. Dies erfolgte im Rahmen des Bold Orion-Programms, mit dem die Realisierbarkeit eines luftgestarteten ballistischen Flugkörpers untersucht wurde. Der letzte solcher Tests einer Zwölferserie diente zur Demonstration einer Satellitenabfangtechnik. Als Ziel diente dabei der Forschungssatellit »Explorer 6«. Der ASat-Flugkörper flog zwar noch 7 km am Ziel vorbei, an sich ein recht ermutigendes Ergebnis. Danach favorisierten die Ame-

Bild links:
Einer der ersten militärischen Nachrichtensatelliten im Orbit war der »Courier« des US-Heeres, er wurde am 4. Oktober 1960 in den Raum geschossen.

Bild unten:
Der »Skybolt« ein luftgestarteter, ballistischer Flugkörper, bildete den Abschluß des Bold Orion-Programms, das auch erste ASat-Versuche beinhaltete.

rikaner jedoch ein Bodenstart-ASat-System.
In der Folge wurden zwei solcher Waffensysteme entwickelt. Das erste benutzte einen »Nike-Zeus«-Abwehrflugkörper mit nuklearem Gefechtskopf, wurde aber zugunsten eines Systems fallengelassen, in das ein nuklearer THOR-MRBM mit besserer Gipfelhöhe integriert wurde. Dieses THOR-System, als Programm 437 bekannt, wurde 1964 einsatzbereit und blieb es bis 1975.

US-ABM-Entwicklungen

Die USA setzten in den 60er Jahren die Entwicklung von ABM (Anti-Ballistic

Ein Serien-Anti-Ballistischer Flugkörper »Spartan« wird hier (Bild) vom Flugkörper-Testgelände auf dem pazifischen Kwajalein-Atoll abgefeuert. »Spartan« war ein exoatmosphärisches Element des »Safeguard«-Systems mit Nuklear-Gefechtskopf und zum Abfangen von ballistischen Flugkörpern bis zu 750 km Entfernung mit einer Geschwindigkeit bis zu Mach 10 (10fache Schallgeschwindigkeit) bestimmt.

Die 1963 aufgegebene Boeing »Dyna Soar« sollte durch eine Titan III-Trägerrakete in den Raum geschossen werden, nach Missionserfüllung in die Atmosphäre zurückkehren und zur Landung auf die Erde gleiten (wie dies heutige Raumfähren/Space Shuttle) tun. Die Ähnlichkeit mit dem künftigen sowjetischen Raumgleiter (Siehe S. 152) ist auffallend.

Missile)-Waffen fort, auch wenn keines wirklich zum Einsatz kam. Die Arbeiten begannen Ende der 50er Jahre mit der »Nike-Zeus«, einem Abfangflugkörper kurzer Reichweite. Aber obwohl dieser Flugkörper für ASat-Zwecke tauglich schien, hielt man ihn nicht für geeignet, ballistische Flugkörper abzufangen. Daher wurde eine neue, schnellere Version, die »Nike-X« — später »Sprint« genannt – zusammen mit dem weiter reichenden »Spartan« ASat-Flugkörper entwickelt. Das Einsatzkonzept verlangte, einen ballistischen Flugkörper durch »Spartan« außerhalb der Erdatmosphäre, durch »Sprint« innerhalb der Lufthülle abzufangen. Wegen der ungenügenden Treffgenauigkeit aufgrund technologischer Grenzen jener Jahre waren beide FK mit Nuklear-Gefechtsköpfen ausgerüstet.

1969 begann die Erforschung eines anspruchsvolleren ASat-Systems, des Ballistic Missile Boost Interceptor (Projekt BAMBI = Ballistischer, durch Trägerraketen gesteigerter Abfangflugkörper), mit dem Hunderte Satelliten, jeder ausgerüstet mit kleinen, wärmesuchenden Lenkwaffen, die auf sowjetische ballistische Flugkörper beim Verlassen ihrer Startsilos abgefeuert werden sollten. Das Projekt schien technisch doch zu anspruchsvoll und verwundbar gegenüber Gegenmaßnahmen. Daher wurde diese Entwicklung 1963 eingestellt. Daneben wurden vielfältige Laser-ASat-Projekte untersucht. Mangels ausreichender Anstrengungen und Ressourcen führten diese Projekte nicht zur Entwicklung eines einsatzfähigen Waffensystems.

Auch das »Dyna Soar«-Projekt wurde

U.S. AIR FORCE

241509

1963 fallengelassen. Es war als kleines, wiederverwendbares bemanntes Raumfahrzeug zur strategischen Aufklärung, Satelliteninspektion und für interkontinentale Bombereinsätze vorgesehen. »Dynamic Soaring«, was soviel wie dynmisches Gleiten oder Segeln bedeutet, sollte mit einer konventionellen Trägerrakete in den Raum geschossen werden, dann entlang der oberen Atmosphäre »springen«, ehe es wie die heutige Raumgleiter auf einer normalen Landebahn zur Erde zurückkehrt. Steigende Kosten und neue, andere Möglichkeiten zur Erfüllung dieser Missionen führten schließlich zur Aufgabe des Projektes.
Danach begannen die Amerikaner mit einem weiteren Vorhaben für ein bemanntes militärisches Raumsystem, dem MOL (Manned Orbiting Laboratory = Bemanntes Erdumlauf-Laboratorium). Es bestand aus einer modifizierten »Gemini«-Kapsel, verbunden mit einem zylindrischen Laboratoriumsteil,in dem Astronauten — quasi »hemdsärmelig«, d.h. ohne Raumanzüge — militärische Aufklärungs- und Überwachungsaufgaben ausführen konnten, Außerdem hatten sie Nachrichten-, Navigations- und Wetteraufträge zu erfüllen. Das MOL-Projekt war in der Anwendung neuartiger Technologien zwar sehr anspruchsvoll, inzwischen wurden jedoch viele seiner Aufgaben von unbemannten Satelliten übernommen werden. Schließlich war das US-Verteidigungsbudget durch den Vietnamkrieg zu überlastet, MOL wurde 1969 aus der Projektliste gestrichen.

Bild links:
Das MOL (Manned Orbiting Laboratory) der USAF mit einer angebauten, modifizierten »Gemini«-Kapsel. Fortschritte in der unbemannten Satellitentechnik führten 1969 zur Aufgabe des Projekts.

Bild unten:
Diese beeindruckenden ballistischen Flugkörpertransportbehälter bei der Parade für die Oktoberrevolution 1965 auf dem Roten Platz in Moskau waren für den Westen lange Zeit ein Rätsel. Allem Anschein nach beinhalteten sie das neue, sowjetische, rund um Moskau stationierte ABM-1B »Galosh« Anti-ballistische Flugkörper-Waffensystem.

Sowjetische Aktivitäten

Wie schon erwähnt, haben auch die Sowjets ihre militärischen Raumfahrtprogramme in den 60er Jahren sehr energisch vorangetrieben, sowohl was die steigende Zahl in der UdSSR gestarteter militärischer Satelliten, als auch die Entwicklung erster Antisatellitenwaffen angeht. Einen ersten, als solchen sicher erkannten Test führten sie 1968 durch. Sie demonstrierten damit zugleich ihre Fähigkeiten für erforderliche Rendezvous-Operationen im All. Das sowjetische ASat-System war nicht mit nuklearen Gefechtsköpfen ausgerüstet, sondern mit konventioneller Sprengladung, die eine Unzahl Metallsplitter auf das Zielobjekt schleuderte. Nach vier Versuchen in den späten 60er Jahren, von denen zwei von den USA als erfolgreich bezeichnet wurden, wurde dieses System für einsatzbereit gehalten.
Auch einen ASat-Interzeptor mit nuklearem Gefechtskopf, als »Galosh« bekannt, entwickelten die Sowjets und stationierten ihn rund um Moskau, zusammen mit den dafür erforderlichen Hochleistungsradaranlagen.
Das erste bedeutende Raumfahrtereignis der 70er Jahre wurde beinahe zu einem Desaster. Im April 1970 näherte sich »Apollo 13« (war daran die »13« schuld?) dem Mond für eine dritte US-Landung auf dem Erdtrabanten, als ein Sauerstofftank explodierte. Umsichtig improvisierend nutzten die Astronauten die Energiereserven und Triebwerke des Mondlandeteils, um schließlich doch noch heil zur Erde zurückzukehren. Zwischen Januar 1971 und Dezember 1972 verliefen dann vier weitere »Apollo« Mondexkursionen und -landungen erfolgreich. Danach war das »Apollo«-Programm abgeschlossen.
Mit dem Start des »Skylab« (Himmelslaboratorium) im Mai 1973 setzten die USA ihre bemannten Raumfahrtunter-

nehmungen fort. Wesentlich größer als alle früheren bemannten Raumschiffe wies »Skylab« mehr als 350 cbm Arbeitsraum auf und wog über 90 Tonnen. Gleich nach dem Erreichen des Orbits lief etwas schief. Der thermische Schutzschild des Labors schien teilweise abgeplatzt und eines der Sonnenzellensegel beschädigt zu haben, das sich danach nur halb entfaltete.

Skylab Reparaturen

Der Start der ersten »Skylab«-Besatzung wurde daraufhin verschoben. Die Techniker im Raumfahrtkontrollzentrum auf der Erde analysierten den Schaden und hielten ihn für reparabel. Inzwischen wurden in aller Eile erforderliche Reparaturwerkzeuge gebaut, gleichzeitig absolvierten die Astronauten Unterwassertraining zur Durchführung der Reparaturen. Zwei Wochen später, am 25. Mai, wurden die Astronauten mit einer »Apollo«-Kapsel ins All geschickt. Unter großen Schwierigkeiten gelang es ihnen, an »Skylab« anzudocken, um den Schaden zu beheben. Ein »Sonnenschirm« wurde anstelle des verlorenen Schutzschildes angebracht und das Sonnensegel entfaltet. Die erfolgreiche Reparatur erlaubte der Besatzung doch noch 80% der ursprünglichen Missionsexperimente durchzuführen. Die erste Besatzung blieb danach 28 Tage im »Skylab« und wurde durch zwei weitere Folgecrews abgelöst, die zweite startete am 28. Juli 1973 und blieb 59 Tage an Bord, die dritte und letzte am 16. November 1973 zu einem 84tägigen Raumaufenthalt.

Die »Skylab«-Mission erbrachte eine Unmenge neuer wissenschaftlicher Daten. Materialverarbeitende Experimente wurden durchgeführt, ein neues Raumbewegungsgerät für Astronauten getestet, eine riesige Menge neuer Erkenntnisse gesammelt, etwa über astronomische Phänomene, die Solarphysik und Erkundung von Erdbodenschätzen aus dem All. Gleichzeitig wurden wertvolle Beobachtungen sowjetischer Raumfahrtzentren und Aktivitäten entlang der sowjetisch-chinesischen Grenze gemacht.

Gemeinsame Operation

Die letzte amerikanische Mission der 70er Jahre war Teil einer amerikanisch-sowjetischen Raumoperation. Eine »Apollo«-Kapsel dockte dabei an eine »Sojuz«-Kapsel an, beide Besatzungen führten an zwei Tagen zusammen eine Reihe von Experimenten im All durch.

Die sowjetischen bemannten Raumflugaktivitäten wurden 1970 mit 26 erfolgreichen »Sojuz«-Starts fortgesetzt, einer schlug fehl. Die meisten »Sojuz«-Missio-

Bild oben:
Jack Lousa, der Skylab 3-Pilot, beteiligt sich an erfolgreichem Zweimann-»Raumspaziergang«, bei dem während des zweiten Stationsbesuchs eine Abdeckplane an der beschädigten Raumstation zum Schutz vor starker Sonneneinstrahlung angebracht wurde.

Bild rechts:
Apolloflüge schienen bereits Routine, als bei Apollo 13, 329.845 km von der Erde entfernt, nach schwerwiegendem Defekt im Kohlendioxyd-Umwandler eine Explosion erfolgte. Durch erfolgreiches Improvisieren mit anderen Geräten gelang es den Astronauten jedoch, sicher zur Erde zurückzukehren.

LOUSMA

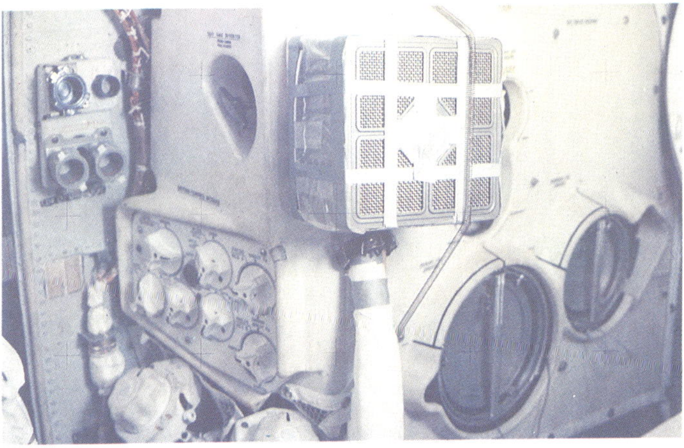

nen waren mit »Saljut«-Raumstationen kombiniert, deren erste am 19. April 1971 gestartet war. Die »Saljut«-Raumstationen waren kleiner als »Skylab«, aber für eine Fülle wissenschaftlicher und militärischer Arbeiten ausgerüstet. »Sojuz 10« führte ein erstes Andockmanöver an »Saljut 1« durch, doch der Kosmonautencrew gelang es nicht, in die Raumstation umzusteigen. Nach fünfeinhalb Stunden trennten sich beide wieder. »Sojuz 11« startete zu einem neuen Versuch am 6. Juni 1971, dockte an »Saljut 1« an und übergab die Kosmonauten, diesmal ohne Probleme, für 23 Tage Aufenthalt an die Raumstation, ehe sie zur Erde zurückkehrten. Ein fehlerhaftes Ventil bewirkte eine unvorhergesehene Dekompression der »Sojuz«-Kapsel während des Abstiegs zur Erde, dabei kamen die Astronauten ums Leben. Verbesserungen des »Sojuz«-Raumschiffs waren erforderlich, daher wurde »Saljut 1« nicht mehr mit Kosmonauten besetzt und verglühte schließlich beim Wiedereintritt in die Erdatmosphäre am 1. Oktober 1971. »Saljut 2« startete am 3. April 1973, zerbrach aber in der Erdumlaufbahn. Es ist anzunehmen, daß zwei weitere, fehlgeschlagene »Saljut«-Startversuche kurz danach unternommen wurden. »Saljut 3« kam dann am 25. Juni 1974 in den Orbit, diesmal zu einer rein militärischen Mission. Die Besatzung von »Sojuz 14« besetzte die Raumstation 15 Tage lang, danach

arbeitete diese automatisch (bzw. bodenferngesteuert). »Sojuz 15« gelang kein Andocken an »Saljut 3«, die Raumstation betrieb jedoch weiterhin Fotoaufklärung, deren Aufnahmen abgeworfen zur Erde gelangten, ehe das Raumschiff nach sieben Monaten im All endgültig zur Erde zurückkehrte.
»Saljut 4, 5 und 6« wurden im Dezember 1974, Juni 1976 und September 1977 in die Erdumlaufbahn gebracht. Sie demonstrierten eine Reihe neuer sowjetischer Fähigkeiten, wie automatisches, nicht mehr handgesteuertes Andocken an »Sojuz«-Kapseln, neue »Progreß-Raumversorgungsfahrzeuge und automatisches Nachtanken im Orbit. Einige »Sojuz«-Besatzungen blieben für längere Zeit im All und stellten damit Weltrekorde auf. Fünf »Saljut 6«-Missionen, beispielsweise dauerten 96, 140, 175, 185 und 75 Tage. »Saljut 6« hatte auch neue Docktore an beiden Enden, mit de-

Bild unten:
1976 unternahmen beide Raumfahrtnationen ein gemeinsames ASTP (Apollo-Sojuz Test Project)-Unternehmen. Dem ging eine lange, gemeinsame Vorbereitungszeit voraus und gipfelte im Andocken beider Raumschiffe im Raum. Im Bild probiert der US-Astronaut eine Rübensuppe aus der Tube seines sowjetischen Kosmonautenkollegen.

nen Einsatz- und Manöverflexibilität der Raumstation entscheidend verbessert wurden.
Wie »Saljut 3« war auch »Saljut 5« vornehmlich für militärische, meist Fotoaufklärung, eingesetzt.
Bemannte Raummissionen in den 70er Jahren verschafften der Wissenschaft zahllose neue Erkenntnisse. Doch auch andere Aktivitäten waren nicht minder bedeutsam. In diese Dekade fielen die ersten amerikanischen Sondenstarts »Pioneer« und »Voyager« zu den äußeren Planeten und erste weiche Landungen auf Mars und Venus. Satelliten dienten ferner der Erforschung der Erde und Sonne und Beschafffung weiterer astronomischer Informationen. Gleichzeitig wurden kommerzielle Satelliten, eine Neuheit der 60er Jahre, in den 70er Jahren nun neben den militärischen die Regel.
Militärische Satelliten folgten den 1960 allgemein gesetzten Trends. Die USA-Starts gingen zahlenmäßig von 30 (1970) auf weniger als 20 am Ende des Jahrzehnts zurück, weil deren Fähigkeiten laufend verbessert und ihre Lebensdauer ständig verlängert wurde. Die sowjetischen Satellitenstarts wurden dagegen ständig vermehrt, von über 60 (1970) auf 90 im gleichen Zeitraum gesteigert. Dafür gibt es zwei Hauptgründe: Verstärkter Aufklärungssatelliteneinsatz und Vergrößerung der Aufklärungskapazitäten durch mehr Satelliten, weniger durch substantiell-technische Verbesserung von deren Ausdauer und der Fähigkeit Daten zur Erde zu schicken.

ASat-Tests der 70er Jahre

Die USA führten 1970 drei Anti-Satellitentests durch, sämtlich mit Varianten der »Thor«-Trägerrakete. Das Programm endete mit der Außerdienststellung des ASat-Systems Programm 437 im Jahre 1975.
Die Amerikaner verloren das Vertrauen in die Wirksamkeit ihrer ASat-Systeme. Einer der gravierendsten Gründe für ihre Stationierung war die Furcht vor Bombardements durch orbitale Nuklearwaffen. Mit dem 1967 unterzeichneten »Outer Space Treaty« (Vertrag über den äußeren Weltraum) waren solche Waffen verbannt. Die Sowjetunion setzte ihre ASat-Programme dennoch fort und führte in den 70er Jahren 13 ASat-Tests durch. Einige benutzten ein Radarzielanflugverfahren, sie schlugen fehl. Die meisten mit Infrarot-zielsuchenden Gefechtsköpfen hingegen waren erfolgreich.
Die 70er Jahre sahen zugleich Anfang und Ende der amerikanischen anti-ballistischen Flugkörperstationierungen. Der ABM-Vertrag von 1972 limitierte diese eine Zusatzvereinbarung von 1974 engte Stationierungen noch weiter ein. Die USA erkannten, daß das geplante »Safeguard«-System in Norddakota mit »Sprint«- und »Spartan«-Interzeptoren keinen ausreichenden Schutz gegen Angriffe mit ballistischen Flugkörpern bot. Das »Safeguard«-System wurde danach abgebaut. Die Sowjets hingegen hielten ihr »Galosh«-Abwehrsystem, hauptsächlich rund um Moskau in Stellung ge-

Bild rechts:
Die Sonnenfleckenkorana, hier mit Hilfe von Daten der NASA »Solar Maximum«-Mission 1980 erstellt. Solche wissenschaftlichen Projekte haben unser Wissen über das Universum immens vergrößert.

Bild unten:
Die Marsoberfläche vom amerikanischen »Viking« Landeflugzeug aus gesehen. 1986 starteten auch die Sowjets eine bemannte Raumstation, die u.a. als Basis für bemannte Marsflüge agierte.

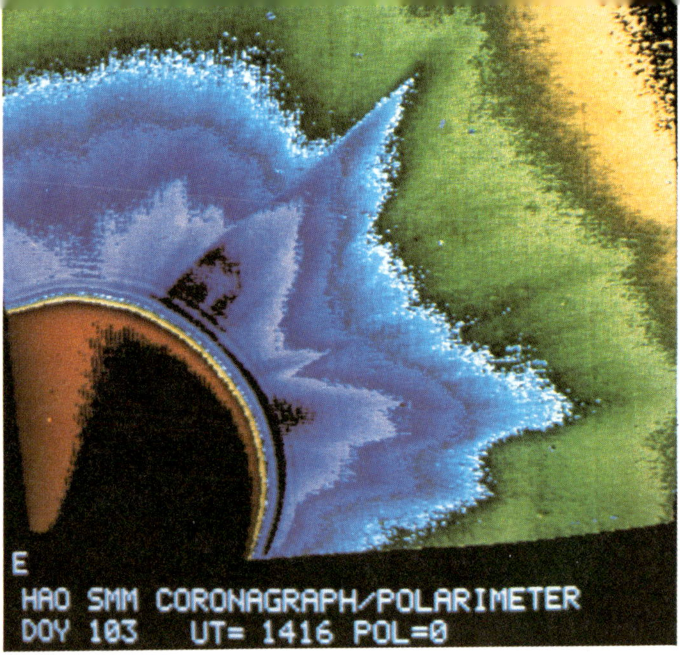
E
HAO SMM CORONAGRAPH/POLARIMETER
DOY 103 UT= 1416 POL=0

bracht, im Einsatz. Man glaubte, damit mögliche kleinere Nuklearangriffe, etwa der Engländer, Franzosen und Rotchinesen abwehren zu können. Der ABM-Vertrag ließ Forschung für Abwehrsysteme zu. Beide Supermächte setzten diese fort.
Im Jahr 1980 befand sich die Raumstation »Saljut 6« noch im Orbit und wurde durch »Besuchs«-Besatzungen anderer Raumkapseln und unbemannte »Progreß«-Versorgungsraumschiffe laufend nachgetankt, neu ausgerüstet und gegebenenfalls überholt. Dadurch vermochte »Saljut 6« bis Ende Juli 1982 erfolgreich in der Umlaufbahn zu bleiben. Die zuvor im April 1982 gestartete »Saljut 7« diente, anders als ihre Vorgängerinnen sowohl militärischen als auch zivilen Zwecken.
Mit »Saljut 7« gab es zunächst einige Probleme, erfolgreiche Reparaturen ermöglichten, sie bis Ende 1985 aktiv im All zu halten. Ab 1980 kamen auch wieder sowjetische Dreimanncrews mit einer modifizierten »Sojuz T« zum Einsatz, nachdem seit der Sojuz 11«-Katastrophe nur jeweils zwei Kosmonauten ins All flogen.

Space Shuttle

Die bemerkenswerteste Entwicklung in der bemannten Raumfahrt war zweifellos die Einführung der amerikanischen »Space Shuttle (Raumfähre)«, deren Erstflug am 12. April 1981 nach sechs Jahren Unterbrechung im bemannten US-Raumfahrtprogramm stattfand. Ende 1985 war die ganze Shuttle-Flotte einsatzbereit, mit der bis dahin ungeahnter Zugang zum Raum ermöglicht wurde.
Mit Beginn des Jahres 1986 allerdings explodierte die Raumfähre »Challenger« kurz nach dem Start. Sieben US-Astronauten verloren bei der bisher größten Katastrophe der Raumfahrt ihr Leben. Trotz dieser Tragödie und anderer relativ kleinerer Rückschläge blieb der Shuttle das enorm flexible Raumfahrzeug. Er diente als Start- und Experimentalplattform, Satellitenwerkstatt, Rettungs- und Bergungsschiff. Er wird daher bis zur Jahrhundertwende eine herausragende Rolle in den US-Raumfahrtplänen spielen.

Die amerikanischen Raumfähren bewährten sich so zuverlässig, daß ihre Einsätze bis zur Katastrophe 1986 bereits als Routineunternehmungen galten. Dieser (Bild) achte NASA- und dritte

»Challenger«-Start am 30. August 1983 war der erste Nachtstart (02.30 Uhr Ortszeit). Glücklicherweise stellte sich erst hinterher heraus, daß diese Mission um ein Haar in einer Katastrophe geendet hätte, hervorgerufen durch Erosionsschäden an einer Feststoffraketen-Boosterdüse.

Militärische Satelliten

Frühwarnung und Angriffsbeurteilung

Interkontinentale ballistische Flugkörper (ICBM) brauchen lediglich knapp eine halbe Stunde bis zum Erreichen ihres Ziels, Uboot-gestartete SLBM kaum mehr als zehn Minuten, in Abhängigkeit von der Start-Zieldistanz. Bei diesen extrem kurzen Flugzeiten muß die Entdeckung, Identifizierung und Angriffslagebeurteilung so schnell wie nur irgendmöglich erfolgen, es geht um Sekunden. Folglich stationierten beide Supermächte Frühwarnsatelliten im All, deren Infrarotdetektoren Flugkörper aufgrund der enormen Hitzeentwicklung ihrer Raketentriebwerke in der Startphase orten und verfolgen. Diese Satelliten überwachen außerdem Flugkörperversuche und Satellitenstarts.

Die USA unterhalten drei Frühwarnsatelliten in geostationären Umlaufbahnen. Abschüsse aus der Sowjetunion und Rotchina verfolgt ein Satellit über dem Indischen Ozean. Weitere Satelliten über dem Pazifik und Südamerika kontrollieren SLBM-Starts.

Diese DSP (Defence Support Program = Abwehrunterstützungsprogramm)-Satelliten tragen ein Schmidt-Teleskop von 3,63 m Länge und 0,91 m Blende. Im Brennpunkt sind 2.000 Bleisulfid-Infrarotdetektoren angebracht, jeder von ihnen erfaßt einen 6 km breiten Sektor. Die Raumorientierung und -stabilisierung besorgt der Flugkörperdrall mit rund 6 U/min um die Erdachse. Das Teleskop ist zur Einrichtung eines konischen Kontrollsektors um 7.5° achsversetzt. Durch Mitplotten eines Flugkörperzielkurses (IR-Quelle) über mehrere Kontrollsektoren wird festgestellt, ob das Ziel stationär (z.B. ein Waldbrand) oder beweglich ist. Ein ballistischer Flugkörper wird binnen einer Minute nach Erstentdeckung, gewöhnlich beim Durchstoßen der Wolkendecke geortet.

1975 wurde ein US-Frühwarnsatellit zeitweise »geblendet«, woführ zunächst ein sowjetischer Boden-Carer verantwortlich gemacht wurde. Später gab das US-Verteidigungsministerium bekannt, daß die Blendung durch starken Feuerschein beim Brand einer gebrochenen Gaspipeline entstanden war. Dennoch geht das DoD (Departement of Defence) davon aus, daß die Sowjets bereits zwei Bodenlaserstationen mit ASat-Fähigkeiten besitzen.

Bild rechts:
Frühwarnsatelliten spielen bei der Überwachung von ICBM-Starts eine entscheidende Rolle, sie benutzen in erster Linie Infrarotdetektoren zur Entdeckung der überaus heißen Startraketenabgase. Dies ist ein US-DSP Frühwarnsatellit in startbereiter Konfiguration.

Bild unten:
Das Bild vermittelt eine Vorstellung von einem DSP-Satelliten im Erdumlauf. Im Brennpunkt des 3,63 m langen Teleskops sind 2.000 Bleisulfid (PbS)-IR-Detektoren angeordnet, jeder kontrolliert einen 6 km breiten Sektor.

Das HALO-Programm

Die Furcht vor Laserblendung und noch stärkeren Laserwaffen wurde sehr ernstgenommen und veranlaßte die USA, verschiedene Forschungsprogramme zur Erhöhung der Überlebensfähigkeit der Frühwarnsatelliten zu unternehmen und Pläne zu verfolgen, die Sensorempfindlichkeit weiter zu steigern. Das HALO (High Altitude Low Observable = Nie-

drige Beobachtung aus großen Höhen)-Programm dient der Produktion laser-resistenter Sensoren hoher Auflösung und permanenter Entdeckungsfunktion innerhalb ihrer Kontrollsektoren anstatt sie periodisch abzutasten. Ablatives Material wird zudem zur Satellitenhärtung gegen Laserwaffen verwandt. Diese neuen technologischen Eigenschaften kommen bei der nächsten Generation leistungsfähigerer Frühwarnsatelliten (Satellite Early — Warning System — SEWS) zur Anwendung, die Anfang der 90er Jahre eingesetzt werden.

Bevor dies realisiert wird, haben verschiedene kurzfristigere Verbesserungsmaßnahmen zur Erhöhung der Überlebensfähigkeit der jetzigen Generation begonnen. Austausch-DSP-Satelliten werden gegen nukleare Strahlung gehärtet und mit Einrichtungen zum Abdecken der Optiken zur Verhinderung von Laserstrahlenschäden ausgerüstet. Zusätzlich werden leistungsstärkere Satelliten-Boden-Datenübermittlungsgeräte eingebaut und Satelliten-Querverbindungen hergestellt. Derzeit werden die Satellitendaten zu Bodenstationen in Alice Springs, Australien und Buckley Field, Colorado/USA übermittelt und von dort über das DSCS (Defence Satellite Communications System) an die Befehls- und Kontrollzentren weitergeleitet. Da die Bodenstationen gegen Angriffe verwundbar sind, kommen mobile Kleinempfänger zum Einsatz, mit denen die Überlebensfähigkeit des gesamten Frühwarnsystems erhöht wird.

Nukleare Entdeckung

Frühwarnsatelliten sind außerdem mit Sensoren zur Entdeckung von Nuklearexplosionen ausgestattet. Im Frieden dienen sie zur Überwachung der Einhaltung der Bestimmungen des Atomsperrvertrages, der atmosphärische Atomexplosionen verbietet. In einem Nuklearkrieg ermöglichen sie eine sehr schnelle Schadensbewertung, ab 1988 wird diese vom IONDS (Integrated Operational NUDET (Nuclear Detonation) Detection System) durchgeführt. IONDS-Sensoren werden an »NavStar«-Navigationssatelliten montiert und liefern genaue Daten der Höhe, Sprengkraft und des Atomdetonationsorts.

Fast alle sowjetischen Satelliten sind mit fortlaufender Numerierung der »Cosmos«-Serien und Frühwarnsatelliten gekennzeichnet. »Cosmos 520« war im September 1972 der erste identifizierte Satellit. Im Laufe der zehn Folgejahre wurde ein System neuer Frühwarnsatelliten im Orbit stationiert. Die Satelliten sind in regelmäßigem Abstand rund um eine hohe, elliptische, halbsynchrone, 62 Grad geneigte Umlaufbahn »geparkt«. Geostationäre Orbits sind von nördlich gelegenen sowjetischen Anschußzentren aus schwierig zu erreichen, dennoch sichert der von den Sowjets benutzte Frühwarnsatelliten Orbit eine gute Abdeckung der Nord-Hemisphäre, jeder von ihnen hat Einblick in die US-ICBM-Silostellungen bis zu

Bild unten:
Eine USAF »Atlas-Agena« Trägerrakete hebt am 20. Juli 1965 vom Raumfahrtzentrum Cap Canaveral, Florida, ab und trägt das dritte Paar (TWR-gebauter) »Vela«-Satelliten an Bord.

Bild rechts:
Ein »Vela«-Satellit im Endmontagezustand (1960), das Bild zeigt noch Komponenten und Verdrahtungen des vergangenen Elektronik-Zeitalters.

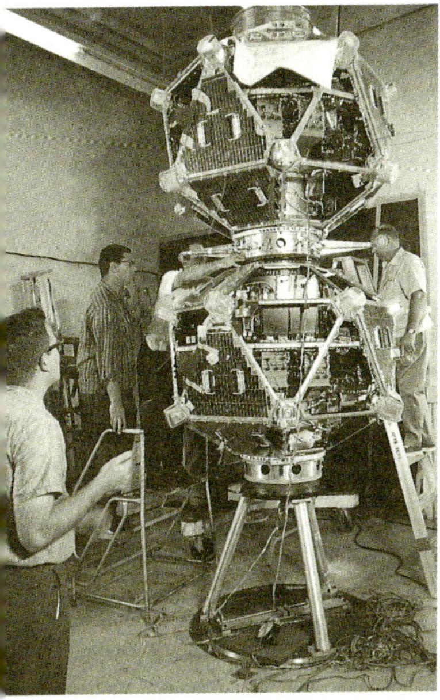

sechs Stunden des 12 Stunden Orbits. 1983 wurden drei Ersatz-Frühwarnsatelliten auf die Positionen der ihre Lebenszeit im All beendenden Raumkörper gestartet, 1984 dagegen schon sieben neue, womit praktisch das ganze Frühwarnnetz ausgetauscht wurde.

Bild unten:
Einer von 12 »Velta«-Satelliten, die die Tiefe des Raumes auf Verstöße gegen das Teststoppabkommen von 1963 überwachen, bis sie vom IMEWS-System abgelöst werden.

Überwachung und Aufklärung

Überwachungs- und Aufklärungssatelliten, oft auch »Spionage«-Satelliten genannt, gewinnen Informationen über eine Vielzahl militärischer Aktivitäten. Überwachung bedeutet eine relativ regelmäßige Beobachtung, während Aufklärung Suche nach speziellen, konkreten Ergebnissen, oft dringender Art, ist. Wenn danach die Aufgaben auch verschieden sind, werden sie dennoch zunehmend in einer einzigen Satellitenplattform mit entsprechenden vielen Sensoren zusammengefaßt.
Fotoüberwachung und -aufklärung erfolgt mit optischen, Infrarot- und soweit möglich, Radartechniken, um möglichst hochdetaillierte Bilder des interessierenden Gebiets oder Ziels zu erhalten. Die beschaffte Information kann von unschätzbarem Wert sein, z.B. die hochgenaue, sehr ins Detail gehende Feststellung von Stärken und Dislozierungen der Streitkräfte, neuer hergestellter oder erprobter Waffen. Die Bildauflösung ist so gut, daß z.B. die Größe von Flugzeuglufteinläufen nachgemessen und danach bereits das Leistungsvermögen der Prototypen ermittelt werden kann, ehe die Jahre später auftauchenden Serienmaschinen in die Truppe eingeführt werden. Auch militärische Übungen und aktuelle Konflikte werden so überwacht. So beobachteten z.B. beide Supermächte den Falklandkrieg und den seit vielen Jahren tobenden Golfkrieg. Solche Satelliten kontrollieren und verifizieren auch vordringlich die Einhaltung von Verträgen.

Big Bird

Wohl der bekannteste »Spionage-Satellit im amerikanischen Inventar ist der »Big Bird« (Großer Vogel). Er kann sowohl weiträumige Überwachungen durchführen als auch detaillierte »Nahaufnahmen« mit Multi-Spektralscannern machen. Seine Kameras identifizieren Objekte von teils weniger als 30 cm Größe, die Filme werden an Bord entwickelt, von einem Scanner abgetastet und die Bilder den Bodenstationen übermittelt. Derart übermittelte Aufnahmen sind natürlich von geringerer Qualität als Fotos. Werden besonders kleine Details benötigt, wirft »Big Bird« die Filmkassetten ab, die in der Luft von in Hawai stationierten »Auffang«-Flugzeugen CH-130H Hercules »eingesammelt« werden.
»Big Bird«-Satelliten sind in relativ niedriger Höhe bis auf 100 km Erdabstand herunter in sonnen-synchronen Orbits positioniert, so daß sie ihre Ziele täglich stets zur gleichen Zeit überfliegen. In solcher Höhe kann der atmosphärische Widerstand den Raumkörper normalerweise binnen einer Woche soweit abbremsen, daß er wieder in die Lufthülle eintaucht. »Big Bird« hat dazu Steuer- und Hubraketenmotoren, die periodisch eingeschaltet den Satelliten wieder auf Position bringen und dort eine Lebensdauer von über 200 Tagen erreichen.
Die USA benutzen außerdem zwei andere Fotoaufklärungssatelliten, den KH-8 und KH-9 (»Key Hole« = Schlüsselloch). Ihre Existenz wurde erst 1983 mit nur wenigen Details bekannt, danach gehören sie zum Filmabwurftyp. Ihre Orbits liegen niedrig, ihre Lebensdauer ist danach begrenzt. Beim KH-9 beträgt die Lebensdauer bis zu vier Monaten, wenn es sich um höchst dringende Informationsgewinnung von Prioritätszielen handelt.

Bild Oben:
Start eines »Big Bird«-Aufklärungssatelliten auf einer »Titan IIID«. Zu den Aufgaben dieses Satelliten gehören weiträumige Überwachung und präzise, hochauflösende Bildaufklärung.

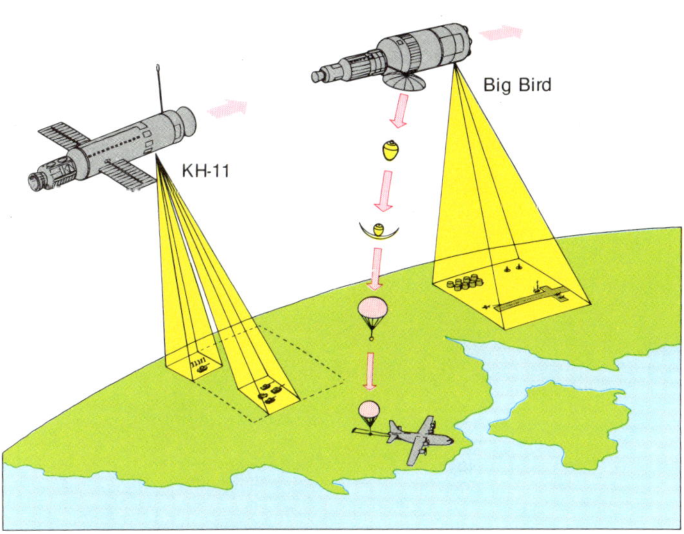

Hochauflösende Bildkameras des »Big Bird« machen weitflächige Aufnahmen für die selektive Zielauswahl und -analyse. Sie werden unterstützt durch streng geheime, voll digitalisierte KH-11 (»Key Hole«) Aufklärungssatelliten, die hochqualitative TV-Bilder an Erdstationen zur (nahezu) Echtheit-Feinanalyse übermitteln.

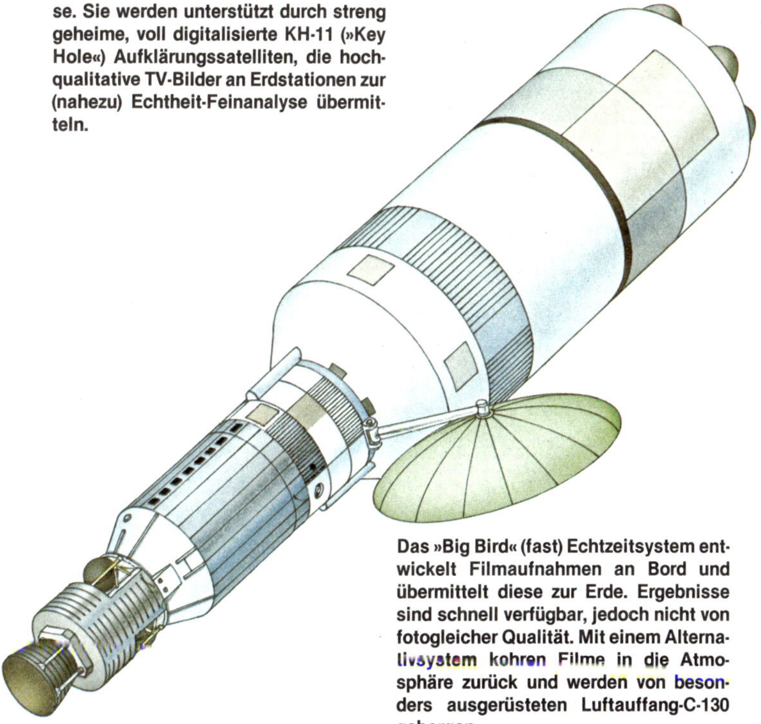

Das »Big Bird« (fast) Echtzeitsystem entwickelt Filmaufnahmen an Bord und übermittelt diese zur Erde. Ergebnisse sind schnell verfügbar, jedoch nicht von fotogleicher Qualität. Mit einem Alternativsystem kehren Filme in die Atmosphäre zurück und werden von besonders ausgerüsteten Luftauffang-C-130 geborgen.

Die Produktion des »Big Bird«, KH-8 und KH-9 wurde inzwischen eingestellt. Dafür kamen modernere KH-11 zum Einsatz, die entgegen ihren Vorgängern das Filmmaterial nicht zur Erde schicken. Sie benutzen vielmehr ein digitalisiertes Fernsehbildsystem, das angeblich in der Auflösung dem »Big Bird« entspricht, außer der größeren Orbithöhe der KH-11, die die Raumlebensdauer des Satelliten auf rund zwei Jahre verlängert. Das TV-Bildübertragungssystem gibt diese Informationen nahezu zeitverzugsfrei zur Erde. Der KH-11 besitzt Multispektral-und Infrarot-Detektoren und Sensoren, in einigen Fällen auch Radar zur Durchdringung der Wolkendecke.
Der Typ KH-12 steht angeblich in Entwicklung und beinhaltet die technischen KH-11-Verbesserungen mit höherer Bildauflösung, vielfach auch mit Radarsensoren.

Sowjetische Aufklärungssatelliten

Die erste sowjetische Fotoaufklärungssatellitenmission fand 1962 statt. Für die 60er Jahre kamen zwei Typen von Fotoaufklärungssatelliten zum Einsatz. Die ReconSats (Aufklärungssatelliten) der ersten und zweiten Generation hatten eine Raumlebensdauer von rund acht Tagen. Sie wurden durch leistungsfähigere, noch heute benutzte, der dritten und vierten Generation abgelöst.
Die dritte Generation wurde 1968 mit dem Start von »Kosmos 208« eingeführt. Wie die Vorläufertypen kehrte er am Missionsende samt Kameras und Filmen zur Erde zurück. Ihr Einsatz umfaßte hauptsächlich etwa zweiwöchige Überwachungsmissionen mit niedriger Bildauflösung. Auch eine neue operatio-

Bild oben:
Eine vom Satelliten ausgestoßene Filmkapsel kehrt durch die Atmosphäre zurück und wird durch eine C-130H mit Spezialausrüstung in der Luft aufgefangen, ein schon über zehn Jahre bewährtes Verfahren.

nelle Fähigkeit dieser ReconSats wurde erkannt. Am 6. August 1984 startete »Kosmos 1587« zu einem Eintagsauftrag, wurde dann aber zehn Tage »still« gesetzt. Am Ende dieser »Schlafperiode« wurde er reaktiviert und führte dann seine Standardmission 14 Tage lang durch. »Kosmos 1613« folgte nach seinem Start am 29. November 1984 dem gleichen Missionsverfahren.
Die vierte ReconSat-Generation, gegenüber den etwa zwei Tonnen leichteren 3. Generationstypen ist rund 6.900 kg schwer, kam ab 1975 mit dem Start von »Kosmos 758« erstmals zum Einsatz. Dieser Typ basiert auf den bemannten »Sojuz«-Kapseln. Er ist hochbeweglich und wird für »scharfäugige« Bilder hoher Auflösung verwandt. Das Filmrückkehrsystem beinhaltet sechs periodisch in Richtung Erde ausgestoßene, auffangbare Filmkapseln. Anfangs hatte der Typ ca. 30 Tage Lebensdauer, die später durch leistungsfähigere, chemische Batterien mit Sonnensegeln auf 60 Tage verlängert wurde.
1984 führten die Sowjets eine ganz neue ReconSat-Ausführung mit Digitalbilddarstellungstechnik und Informationsdatenübermittlung via geosynchrone Nachrichtenrelaissatelliten ein. »Kosmos 1543, 1552 und 1608« sollen von diesem Typ sein, der 26, 173 und 33 Tage lang arbeitet. Das neue Modell bietet eine wesentliche Steigerung der sowje-

tischen Nachrichtenbeschaffungs- und Aufklärungskapazität durch Echtzeitdaten-Bildübermittlung über längere Zeiträume an. Als Ergebnis dieser Leistungserhöhung bei den neuen ReconSats registrierten die Sowjets 1984 982 Missionstage, womit der Rekord der Vorjahre 1983 und 1984 trotz gleicher ReconSat-Zahl (27) um 152 Tage übertroffen wurde.
Die Sowjetunion benutzt auch die »Saljut«-Raumstationen zur Fotoaufklärung. Obgleich fast alle Raummissionen gemischte zivil-militärische Aufträge ausführen, waren die »Saljut 3 und 5« Raumflüge ausschließlich militärischen Charakters. Die 10 m Brennweitenkamera, ursprünglich für Solarbeobachtungen gedacht, bewährte sich noch besser für die Fotoaufklärung, auch bei den in niedrigeren Orbits fliegenden »Saljut 3 und 5«. Zu berücksichtigen ist grundsätzlich,

Bild oben:
Blick aus der C-130-Heckrampe. Eine Satellitenfilmkapsel am Fallschirm wird mit dem Fanggeschirr der Hercules im Fluge aufgepickt. Die HC-130H fliegt schnellstens zur Heimatbasis und liefert die geborgenen Filme zur eiligen Entwicklung bzw. nachrichtenseitigen Auswertung ab.

daß sowjetische Kosmonauten Offiziere sind, ihr Funksprechverkehr mit den Bodenstellen wird stets mit einer verschlüsselten Phraseologie codiert. Zudem werden alle Flüge nach den bei ReconSats üblichen Verfahren telemetrisch vermessen.
Im April 1982 startete »Saljut 7« zu einer zivilen Mission. Dennoch hat die Raumstation eine Ausrüstungskonfiguration,

die sie jederzeit zu militärischen Aufträgen befähigt. Im März 1983 dockte »Kosmos 1443« automatisch an »Saljut 7« an, die noch unbemannt war. Das »Kosmos«-Raumfahrzeug führte größere Mengen Treibstoff zur Dockübergabe an »Saljut« mit. Diese automatische Raumbetankungsmöglichkeit erlaubt eine beträchtliche Stehzeitverlängerung (vor allem für mehrfach nachbetankte Flüge in niedrigen Orbits) und Verbesserung der Manövrierfähigkeit im Raum.

Elint Satelliten

Fotoaufklärung ist nicht die einzige Art militärischer Nachrichtenbeschaffung aus dem All. Elektronische Nachrichtengewinnungs (Electronic Intelligence = ELINT)-Satelliten, auch Ferret (»Frettchen«) genannt, werden vielfältig eingesetzt, z.B. zum Lokalisieren oder Abhören von Sendern mit elektromagnetischer Wellenabstrahlung (Radio, Funk, Radar) oder von Telemetriedaten bei Flugkörpertests. Von Radarabstrahlungen will man Pulsfrequenzband-, takt- und modulation wissen. Diese Information braucht man zum Studium gegnerischer Funkaktivität im Frieden. Ihre Kenntnis ist für eigene Operationsplanungen im Kriege sehr wichtig. Bekannte, geortete Radarstellungen können durch eigene Angriffsflugzeuge, Jagdbomber oder Kampf (Anti-Radar)-Drohnen angegriffen, zerstört oder um/unterflogen werden.

Elektronische Gegenmaßnahmen (Electronic Counter Measures = ECM) werden dadurch zur Störung oder Unterdrückung des Gegnernachrichten-, Radar- und Funkverkehrs entwickelt.

Mindestens zwei US-Satellitentypen sind im Einsatz bekannt. Einer ist ein »Frettchen«-Subsystem des »Big Bird«, es wird gemeinsam mit diesem gestartet und auf eine Kreisumlaufbahn in rund 500 km, in besonderen Fällen auch auf 1.500 km Höhe, gebracht. Ihre spezielle Aufgabe ist die allgemeine Überwachung des Funkverkehrs, Entdeckung neuer Radarstellungen und Veränderungen an diesen (Frequenzen, Verfahren usw.) der anderen Seite.

Der andere »Frettchen«-Typ ist als Rhyo-

lit bekannt. Zwei von ihnen stehen über dem Horn von Afrika, der andere über dem Indischen Ozean. Sie arbeiten mit bis zu 20 m großen Antennen, haben elektronische Ausrüstung (Avionik) zum Ausfiltern von Störsignalen-, Hintergrund- oder Bodengeräuschen- und Echos an Bord. Die Hauptaufgabe der Rhyoliten ist die Überwachung von Flugkörperstarts auf den Raumfahrtzentren und Abschußstellen von Tyuratam und Plesetsk. Sie wurden Anfang der 70er Jahre in den Raum gebracht und seither durch moderne »Aquacade«-Typen abgelöst. Genauere Informationen über diese neuen Satelliten sind nicht bekannt, doch angesichts der enormen technischen Fortschritte auf dem Gebiet der Elektronik haben sie mit Sicherheit viel empfindlichere Sensorik und leistungsstärkere, dauerhaftere Energiequellen als die Rhyolite an Bord.

Sowjetische Systeme

Trotz der großen Zahl sowjetischer ELINT-Systeme ist recht wenig über sie bekannt. Eine Serie von acht »Frettchen« im 650 km Höhe Orbit mit einer Inklination von 81.2 Grad ist im Einsatz. Sie sollen westliche militärische Radarstellungen und Funksender orten und identifizieren. Andere »Frettchen« stehen für die verschiedensten Zwecke in anderen Umlaufbahnen.

Im September 1984 wurde mit »Kosmos 1603« ein ganz neuer ELINTSat-Typ gestartet. Einige Details sind darüber bekannt.

Danach scheint er der größte, bisher gestartete sowjetische Militärsatellit zu sein, anfangs in einem 180 km Orbit mit 51.6 Grad Inklination stationiert. Nach rund einem Tag auf dieser Position ging er mit Hilfe seines Antriebssystems auf

Bild links:
Die sowjetische »Saljut 7«-Raumstation auf dem Baikonur-Raumfahrtzentrum (Kosmodrom) vor dem Start im April 1982. »Saljut 7« wurde durch »Kosmos 1443« im Raum vollautomatisch aufgetankt.

Bild unten:
Diese amerikanische ReconSat-Aufnahme zeigt den neuen »Blackjack« Schwenkflügelbomber und zwei Tu-144 (Concorde-ähnliche) Überschalliner auf dem Flugversuchszentrum Ramenskoje, sie ist von schlechter Qualität. Solche Bilder werden jedoch für Auswerteexperten speziell aufbereitet und geben dann weit mehr Details preis.

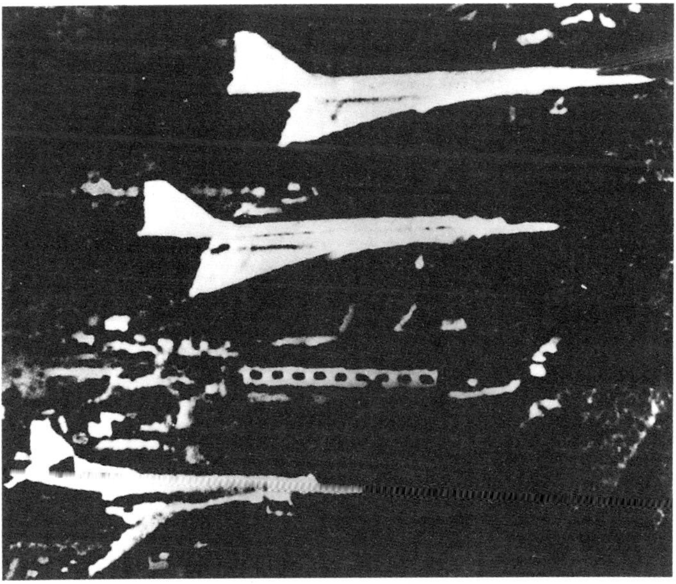

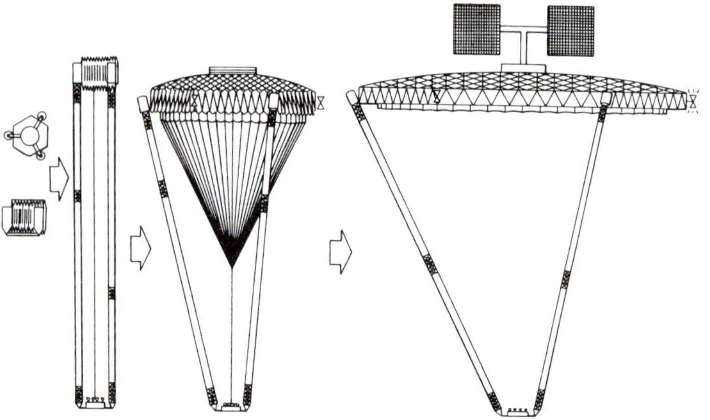

Bild oben:
Die größte der Rhyolit-Antennen mißt 20 m Durchmesser. Vor dem Orbiteinsatz ist diese sperrige Konstruktion (Bild, links) als Paket zusammengefaltet. Auf Umlaufposition dient ein Spreizgerüstmechanismus zum Entfalten des großen Antennenreflektors (Mitte), dabei verhindert eine spezielle Verzurrung die Behinderung der Antennenmembranausbreitung durch das Faltgestänge. Elektronische Aufladung sorgt für die Antennenaufrichtung nach rückwärts, ihre funktionsgerechte, paraboloide Wölbung, während das Gestänge die stabile Befestigung des so entstandenen Parabolspiegels im Antennenbrennpunkt übernimmt.

Bild unten:
Eine stabile Hochleistungs-Parabolspiegelantenne des Rhyolitsatelliten ist notwendig, um alle, auch die schwächsten Funksignale, heute engst gebündelter elektromagnetischer Mikrofunkwellen aus der Tiefe des sowjetischen Territoriums zu erfassen. Frühere Satelliten besaßen diese Antennentechnik zur Entdeckung schwacher Funksignale noch nicht.

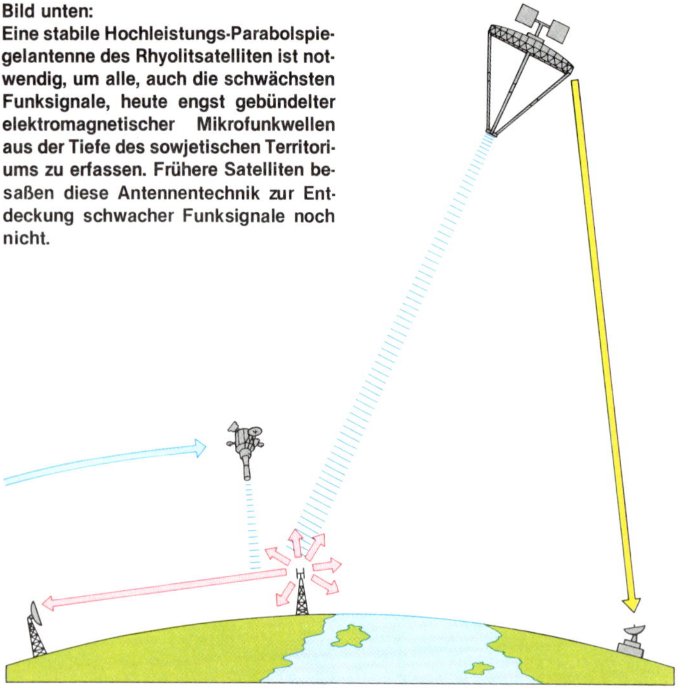

Ein US-Satellitenbild vom streng geheimen, sowjetischen Plesetsk-Kosmodroms, südlich von Archangelsk auf 62 Grad 43 Länge, das erstmals durch einen britischen Schullehrer entdeckt und veröffentlicht wurde.

850 km Höhe und 66.6 Grad Inklination, kurz danach wurde er in gleicher Höhe auf 71 Grad Neigung gebracht. Diese Lage- und Positionsveränderungsmanöver haben die Verfolgung erheblich erschwert. Die Amerikaner hatten ihn wiederholt aus dem Auge verloren. Der Endorbit von »Kosmos 1603 wurde viel effektiver erreicht. Daraus leitet sich die Vermutung ab, daß die Sowjets damit ihre Fähigkeit testeten, ASat-Waffen auszuweichen.

Ozeanische Überwachung

Mit ELINT-Ausrüstung und sonstiger Sensoren-Avionik ausgestattete Satelliten werden auch zur Überwachung der Weltmeere verwandt. Das wichtigste amerikanische Satellitensystem dafür ist »White Cloud« (Weiße Wolke), bestehend aus drei Satellitengruppen, die mit 120 Grad Zwischenraum in 1.100 km Umlaufhöhe und 65,3 Grad Neigung positioniert sind. Jede dieser Gruppen umfaßt wiederum drei kleinere, nur einige zehn Kilo schwere, rings um den Muttersatelliten verteilte Tochtersatelliten. Der Gruppenformationsumlauf erlaubt das Zusammentragen aller Daten der Infrarot- und Millimeterwellensensoren jedes einzelnen Satelliten und ihre gesammelte Weitergabe an über 3.000 km entfernte Bodenempfangsstationen oder Überwasserschiffe.

Inzwischen wird an der Satellitenausrüstung mit Radar, Farbscannern (Rasterabtastern), Scatterometern (Streuungsmeßgerät) und hochempfindlichen IR-Detektoren gearbeitet. Dadurch erhält man genaue Kenntnis von Überwasserschiffen, es erlaubt ferner die Entdeckung warmen Kielwassers (getauchter) atomgetriebener Uboote. Diese Ausrüstung wird als Teil des Nationalen Ozeanischen Satellitensystems (NOSS) entwickelt, das vor allem zivilen Zwecken dient. Ein anderes Programm ist als ITSS (Integrated Tactical Surveillance System = Integriertes Taktisches Überwachungssystem) bekannt. Es bietet neue Techniken zur Überwachung von Kriegsschiffen, Luftfahrzeugen und Flugkörpern.

Sowjetische ORSATS

Die Sowjetunion setzt ELINT Ocean Reconnaissance Satellites (EORSAT = Maritime ELINT-Nachrichtensatelliten) in Orbithöhen um 480 km mit aufgabenabhängigen Inklinationen ein. Diese arbeiten oft paarweise zusammen und besitzen schwache Triebwerke, um auf jeweiliger Position und Höhe zu bleiben. EORSAT's überwachen den gesamten Kommunikationsverkehr, Radarabstrahlungen bei Marineaktivitäten, usw.

Radarausgerüstete Ozean-Überwachungssatelliten (RORSAT) dienen der

Bild rechts:
Bei der Jagd auf SSBN (Atomgetriebene, mit ballistischen Flugkörpern bewaffnete Uboote) kommt es zunächst auf die Schaffung vielfältiger Einsatzvoraussetzungen durch Beobachtung/Überwachung an, z.B. Wettervorhersage (1), Meereszustand (Wellengang — 2), ozeanografische Daten (3), Temperaturschwankungen (4), Identifizierung unerwünschter Störfaktoren/Vorgänge (Fischschwärme — 5), Einflüsse auf das Erdmagnetfeld durch Sonnenfleckenaktivitäten (6), Ausgrenzung/Filterung von Handelsschiffen durch freiwillige Beobachtung/Information (8) und Satelliten (9). Die Ubootverfolgung beginnt mit Satellitenfotos (10) und elektronische Überwachung beim Verlassen/Anlaufen von Häfen (11/12). Ujagdflugzeuge (13) verwenden weitere Detektoren wie: MAD (Magnetic Anomaly Detection = Messung der Erdmagnetfeldänderung) und Unterwasserschallbojen (Sonar — 14), Wärme(bild)geräte (15), FLIR (Forward-Looking Infra-Red = Frontsicht-IR — 16), luftgestütztes RDSS (Rapidly Deployed Surveillance System — 17), Überwasserschiffs-Sonar (18), schiffsgezogene MAD- und Schalldetektoren (19), Angriffs(Jagd)Uboote (20), passive Einrichtungen: SOSUS (Sound Surveillance System = (5), Seebodenspulenzur Überwachung von Magnetfeldänderungen (21). Ubootkielwasser und -fahrwege werden durch Überhorizont(Backscatter)-Radar (22) verfolgt. Alle diese Informationen laufen in einem riesigen Supercomputer (23) zusammen, der alle Daten aus o.a. Quellen analysiert, korrigiert und nutzbar macht.

Entdeckung und Verfolgung von Überwasserschiffen und arbeiten auch hier oft paarweise zusammen. RORSAT's stehen meist in Orbithöhen um 250 km. Trotz vorhandener Manövertriebwerke zur Höhenstabilisierung kommt ihre Raumlebensdauer kaum über 70 Tage hinaus. RORSAT's haben überwiegend einen Nuklearreaktor zur Energieerzeugung an Bord, der ca. 50 kg schwach angereichertes Uran enthält. Deshalb wird bei Missionsende der Reaktorteil abgesprengt und in einen 900 km Orbit geschleudert, während der RORSAT selbst in die Erdumlaufhülle zurückfällt und weitgehend verglüht.
Bei mindestens drei Vorfällen hat diese Sektionstrennung nicht funktioniert und der Uranreaktor fiel zur Erde. In einem Fall, am 24. Januar 1978, fielen radioaktive Teile von »Kosmos 954« auf das kanadische Nordterritorium. Die Trümmersuche und -beseitigung kostete sechs Millionen Dollar. Nach diesem Zwischenfall wurden RORSAT-Missionen bis 1981 ausgesetzt. Im Februar 1983 gab es jedoch einen weiteren RORSAT-Vorfall, als »Kosmos 1402« über dem Südatlantik in die Erdatmosphäre zurückfiel, wieder war eine Einsatzunterbrechung bis 1984 die Folge.
EORSAT's und RORSAT's orten und verfolgen besonders die Flugzeugträgerkampfgruppen der US-Marine auf den Weltmeeren, ferner Zufallsziele, etwa wie im Falklandkrieg.

Bild rechts:
Das amerikanische »Teal Ruby«-System ist Teil des HALO (High Altitude Low Observable)-Programms. Mit ihm werden raumgestützte Infrarot-Mosaikfächer entwickelt, mit denen militärische Luftaktivitäten über fremden oder feindlichen Territorien entdeckt, verfolgt und überwacht werden. »Teal Ruby« wird mit dem Space Shuttle Orbiter (Raumfähre) in den Raum getragen.

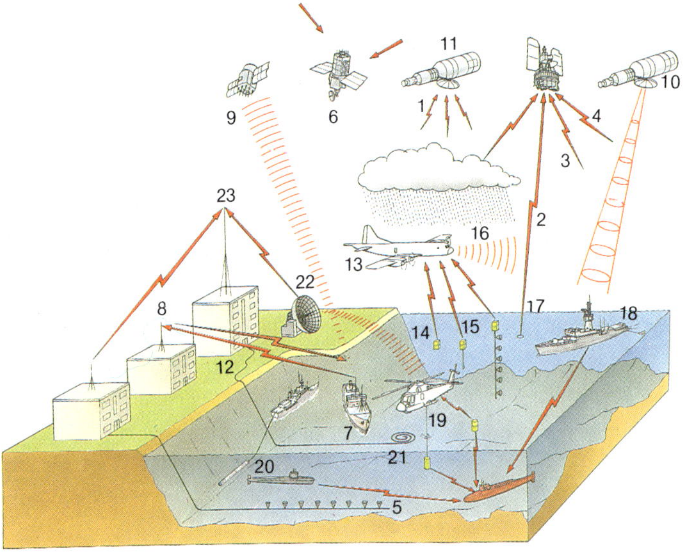

1
2
3
4
5
6
7
8
9
10
11
12
13
14
15
16
17
18
19
20
21
22
23

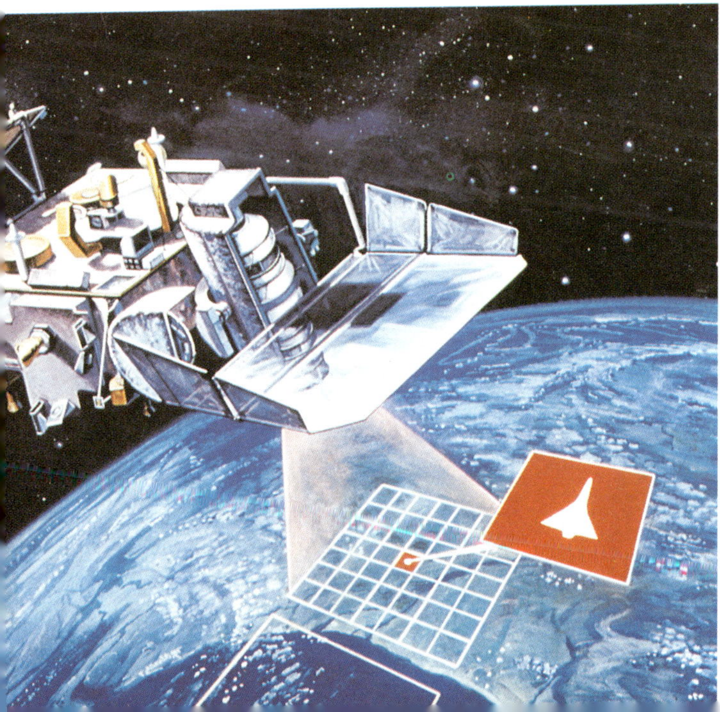

Kommunikation

Die Rolle der Kommunikationssatelliten ist augenscheinlich, doch ist weniger bekannt, in welchem Maße größere militärische Operationen bereits heute von ihnen abhängig bzw. ohne sie gar nicht mehr durchführbar sind. Über 70% aller amerikanischen Überseenachrichtenverbindungen laufen bereits via Satellit. Ihre Bedeutung wächst ständig. Seit Technologiefortschritte, Sensoren und Waffen immer größere Reichweiten haben und die Komplexität der Kriegsführung dramatisch wächst, sind Echt(null)-zeit-Langstreckenverbindungen unverzichtbarer denn je.

Die wichtigsten militärischen US-Kommunikationssysteme sind das DSCS (Defence Satellite Communications System), das AFSATCOM/FLTSAT — USAF (Luftwaffe) and Fleet Satellite Communication System) und SDS (Satellite Data System).

DSCS ist das bedeutendste Kommunikationsnetz für das DoD (Department of Defence = Verteidigungsministerium) für globale, kapazitiv hochverdichtete Nachrichtenverbindungswege zwischen den wichtigsten US-Kommandostellen und Einrichtungen in aller Welt. Ein Netz, DSCS-II, verfügt über vier geostationäre Satelliten (plus zwei in Reserve im Orbit), die 1.300 Sprechkanäle oder 100 Megabits (Millionen Bits) pro Sekunde Nachrichtendurchsatz aufweisen. DSCS-III-Satelliten sind gleichgeschaltet und haben eine noch größere Datenbe- und verarbeitungskapazität zusammen mit großer ECM-Festigkeit (gegen Stören), Härtung gegen EMP (Electro-Magnetic Pulse = Elektromagnetische Stromstöße, z.B. von Nuklearexplosionen) sowie eigene Antriebssysteme, um etwaigen Angriffen von ASat-Waffen auszuweichen.

US Marine- und Luftwaffen-Commsats

FLTCOMSAT's Primäraufgabe ist es, Marinenachrichtenverbindungen mit vier geostationären Satelliten sicherzustellen. Über 900 Relaisstationen verbinden sie Bodeneinrichtungen, Überwasserschiffe, Uboote und Marineflugzeuge mit- und untereinander. Das System ist seit 1980 einsatzbereit und besitzt globale Abdeckung, reicht aber für die heutigen USN-Erfordernisse schon nicht mehr aus. Drei zusätzliche FLTSATCOM-Satelliten sollen deshalb ab 1989 gestartet werden.

AFSATCOM der Luftwaffe ist kein eigenes, unabhängiges Netz, sondern bedient sich vieler Kommunikations-»Pakete«, die andere Satellitensysteme, wie FLTSATCOM, SDS, DSCS u.a. angehängt sind. AFSATCOM-Terminals (Endstellen) sind auch an Bord der E-4B (B-747) Fliegende Luftkommandostellen, RC-135 Aufklärer, SAC (Strategic Air Command)-Bomber, TACAMO Flugzeugen und zahlreichen anderen Bodenstellen, z.B. ICBM-Kommandostellen.

SDS ist ein 3-Satellitennetz in hohen elliptischen Orbits zur Füllung der sogenannten »Polar-Löcher«, die frühere geostationäre Satellitensysteme in der Kommunikation gelassen haben. Das System dient ferner als Datenrelaisverbindung für KH-11 Aufklärungssatelliten.

Diese militärischen Satelliten decken allerdings den Kommunikationsbedarf der US-Streitkräfte längst nicht ab, vor allem nicht im Bereich der Marine. Daher hat das DoD zusätzliche Kanäle von kommerziellen Kommunikationssatelliten gemietet. Sechs von drei COMSAT General MARISAT (Maritim)-Satelliten gemietete Kanäle bilden das GAPFILLER (Lückenfüller)-System, speziell für Zweiwegverbindungen wird es für Schiffe benutzt. Das Ende der Raumeinsatzlebensdauer dieses Systems ist abzuse-

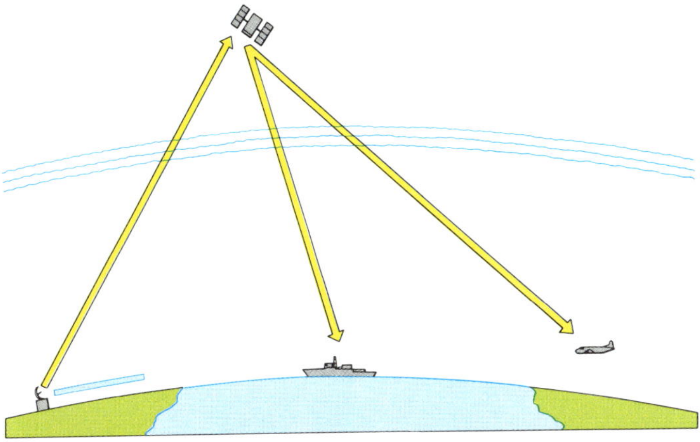

Bild oben:
VHF (Very High Frequency) und UHF (Ultra-High Frequency)-Verbindungen (gelb) sind Grundvoraussetzung für Line-of-Sight (Sichtreichweite, da gradlinige Wellenausbreitung)-Funk- und Funksprechverbindungen. Sie benutzen Boden- oder Raum-Relaisstationen zur Reichweitenverlängerung. HF (High Frequency) verwenden Bodenwellen (blau) für Kurzstreckenverbindungen oder Reflexionsphänomene der Heaviside-Schicht der Ionosphäre für Funk über längere Entfernungen.

Bild unten:
Das neueste militärische US-Kommunikationssatellitensystem DSCS-III verwendet extrem raffinierte, ECM-feste und EMP-gehärtete, orbit-manövrierfähige Satelliten, um ASat-Waffenangriffen ausweichen zu können. Ihre ECCM (Electronic Counter Counter Measure = Elo Gegen/Gegenmaßnahmen)-Technologie ist hochgeheim.

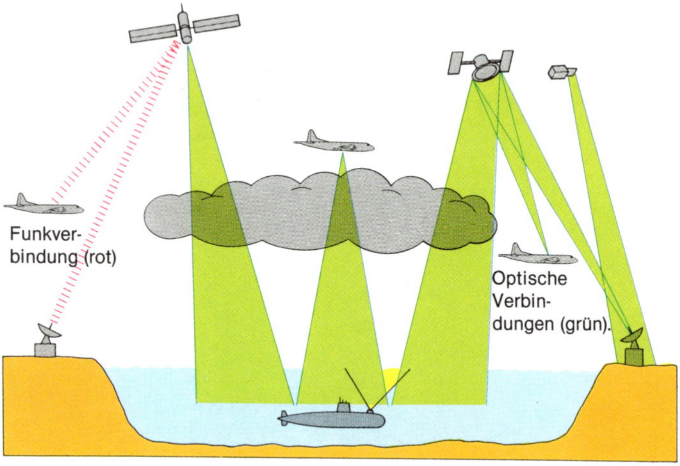

Bild oben:
Das Hauptproblem der SSBN (Atomgetriebenen Uboote mit ballistischen Flugkörpern) sind zuverlässige und überlebensfähige Nachrichtenverbindungen. Eine gegenwärtig getestete Methode ist die Verwendung von Lasern, besonders im sichtbaren Blau-Grün-Bereich des elektromagnetischen Wellenspektrums. Ein gangbar scheinender Weg wäre die Verwendung eines Orbit-Lasers als Relaisstation für Funksignale. Kann der Satellit nicht die erforderliche Energieerzeugungsanlage tragen, könnte ein Orbit-Reflektorspiegel von einer Laser-Bodenstation ausgesandte Laserstrahlen, oder eine Flugzeug-Laserstation, den Laser zur Erde zurückreflektieren.

hen, weshalb die USN (Marine) jetzt schon weitere Kanäle des Hughes Aircraft Corporation (Flugzeugfirma) LEASAT (Leihsatellit)-System mitbenutzt.
Um 1990 wird das Military Strategic Tactical and Relay (MILSTAR)-System einsatzbereit sein, mit dem AFSATCOM, DSCS, evtl. auch SDS) ergänzt oder ersetzt werden. MILSTAR wird zuerst für den Mikrowellenbereich mit einer enormen Kommunikationskapazität installiert werden. Vier Satelliten, plus einer (»still« in) Orbit-Reserve, kommen in geostationäre Umlaufbahnen, drei in hochelliptische polare Orbits. Eine noch unklare Zahl von Reservesatelliten soll in supersynchronen Hochorbits mit Umlaufhöhen von 177.000 km stationiert werden. Auch ist damit zu rechnen, daß sämtliche MILSTAR-Satelliten, in supersynchronen Orbits positioniert, geringerer Verwundbarkeit durch ASat-Waffen oder »Killer«-Satelliten ausgesetzt werden. Auch diese Satelliten sind gegen ECM/EMP und Laserwirkung gehärtet und über Kreuz durch Laser und andere Systeme mit- und untereinander verbunden.

Uboot-Kommunikation

Trotz aller bereits raffinierten Perfektion dieser Satelliten kann man das spezifische Kommunikationsproblem getauchter Atom-Uboote nicht lösen, das Strategen und Planer seit über 20 Jahren plagt. Derzeit müssen getauchte Uboote dicht unter die Wasseroberfläche gehen, um Einsatzbefehle und Anweisungen entgegenzunehmen. Dadurch werden sie leichter entdeckbar. Es wird jedoch bereits an ELF (Extremely Low Frequency)-Nachrichtenmitteln gearbeitet, die ozeanische Wassertiefen durchdringen. Allerdings benötigt man dafür riesige Antennenanlagen (an Land möglich). Die ELF-Datenübertragungsraten sind aber noch zu gering. Alternativ bietet sich eine Blau-Grün-Laserverbindung im Orbit an. Blau-Grün-Laserlicht durchdringt die Atmosphäre und Meerwasser bis in beträchtliche Tiefen. Erste solcher Nachrichtenübermittlungstests mit B/G-Lichtlasern aus der Luft zu Ubooten waren recht ermutigend. Man rechnet deshalb mit baldiger Nutzung von Einsatz-Laser-Kommunikationssatelliten zur Beseitigung dieses Schwachpunktes im Ubootschutzmantel.
Die Sowjets stationieren derzeit drei Typen von militärischen Kommunikationssatelliten (COMSA). Die »Molnija I« ar-

beiten in einer elliptischen Orbitbahn mit 62.8° Neigung. Eine erste Serie dieser COMSAT's ist bereits in 45° Intervallen auf Umlaufbahnen positioniert. Ihre Umlaufzeit beträgt 12 Stunden, jeder COMSAT bleibt aus der Sowjetunion rund acht Stunden je Orbit »sichtbar«.
»Molnija I« bilden auch direkte Punkt-zu-Punktverbindungen.
Der zweite Typ für taktische Kommunikation wurde mit acht COMSAT's gleichzeitig in 1.500 km Kreisorbits mit 74° Neigung geschossen. Für die globale Abdeckung sind 24 solcher COMSAT's erforderlich, mehr als 30 sind bereits operationell. Sie gewährleisten eine sichere Redundanz und Widerstandsfähigkeit gegen Störmaßnahmen (EloKa = Elektronische Kampfführung). Dieser Typ wird für Echtzeit-Befehls- und Führungskommunikation über der UdSSR und Osteuropa benutzt. Diese Satelliten verfügen über »Abfall-Speicher, über die Sendungen aufgezeichnet und im Playback-Verfahren global wieder- oder weitergegeben werden können.
Der dritte COMSAT-Typ ist ein »Abfallei-

Ein USN-FLTCOMSAT-Satellit wird aus einer Umwelttestkammer abgefiert. Vier solcher Satelliten stehen in geostationären Orbits. Drei weitere sind 1898 zum Start vorgesehen, um eine umfassende globale Systemabdeckung zu sichern.

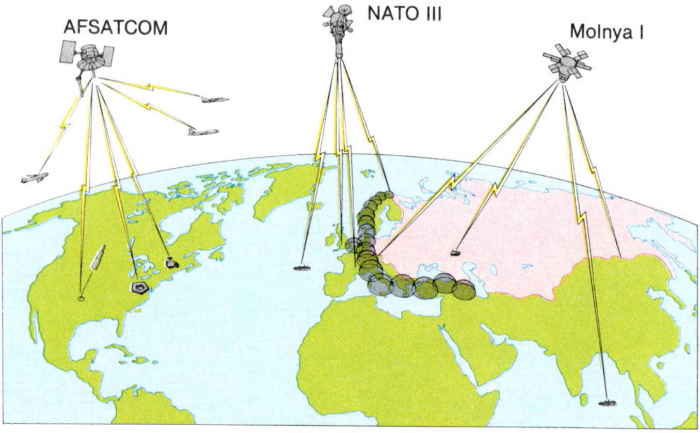

COMSAT's sind für militärische Streitkräfte ein sehr kostengünstiges Mittel für den Nachrichtenverkehr, gleichgültig ob Sprechfunk/Telefon, Telefax, Fax (Fernkopierer) oder Daten. Solche Systeme verbinden nationale Kommandostellen mit Armeebefehlshabern im Felde, Überwasserschiffen und Ubooten auf See und Flugzeugen. Die Terminal (Endstellen)ausrüstung moderner Systeme ist längst miniaturisiert, d.h. von früheren großen Funkstationen mit umfangreicher Operationsausstattung, die ganze Lkw-Flotten zum Verlegetransport benötigten, geschrumpft zu Geräten, die auf einem einzigen Halbtonner Platz finden.

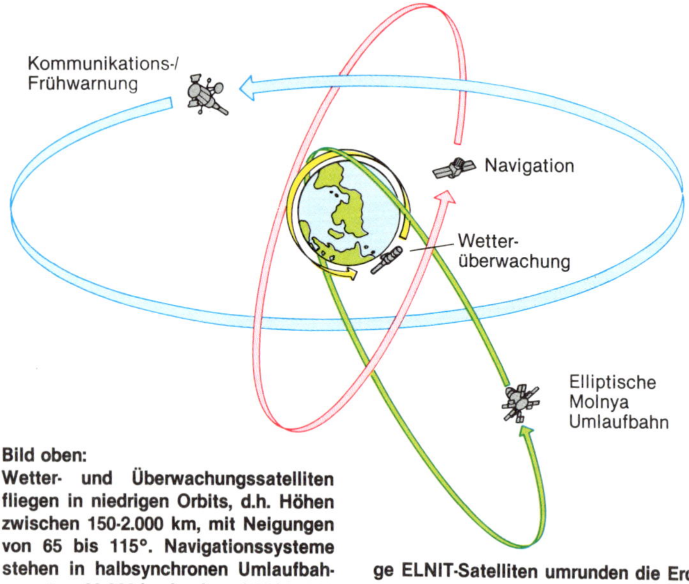

Bild oben:
Wetter- und Überwachungssatelliten fliegen in niedrigen Orbits, d.h. Höhen zwischen 150-2.000 km, mit Neigungen von 65 bis 115°. Navigationssysteme stehen in halbsynchronen Umlaufbahnen etwa 20.000 km hoch und 63 bis 65° geneigt. COMSAT's Frühwarn- und einige ELNIT-Satelliten umrunden die Erde geostationär in 36.000 km Höhe auf festen Positionen über dem Äquator.

mer«-Typ in 800 km Höhe. Nur einer von ihnen ist jeweils aktiv. Man nimmt an, er sammelt Daten von automatischen Sensoren und Spähsatelliten.
Noch nicht operationell, sondern vermutlich in Entwicklung ist das GALS-System, aus vier geostationären Satelliten bestehend und entlang der amerikanischen DSCS »in Stellung«.
Die beiden Supermächte haben kein COMSAT-Monopol. UK (Großbritannien), Frankreich und die NATO setzen solche Systeme ebenfalls ein, England zuerst einen geostationären COMSAT »Skynet I«, der bei Ford Aerospace in den USA gekauft und im November 1969 gestartet wurde. »Skynet IB und 2A« verfehlten ihren vorbestimmten Orbit. »Skynet 2B« steht seit November 1974 erfolgreich auf einer geostationären Umlaufbahn über den Seychellen.

Künftige europäische COMSAT's

Auf »Skynet III« wurde (aus Haushaltsgründen) verzichtet, England verläßt sich statt dessen auf amerikanische, NATO und geliehene kommerzielle Satellitenkanäle zur »Skynet 2B«-Ergänzung. In der Startplanung sind zwei »Skynet IV«, evtl. ein dritter. Sie sind gegen nukleare Strahlungsimpulse und ECM-Störungen gehärtet und sollen strategische, maritime und land-taktische Operationen unterstützen. Das System ist mit relativ geringer Datenübertragungsrate für die britischen Streitkräfte und eine weltweite, verstreute Flotte, aber mit höherer Datenrate für mobile, europäische Heeresverbände optimiert.

Frankreich setzt noch keine speziell militärischen COMSAT's ein, nutzt aber besondere Kanäle vom kommerziellen TELECOM-Satelliten. »Telecom 1 und 2« besetzen geostationäre Umlaufbahnen auf 8 und 5° West, die ein Gebiet zwischen den westindischen und Reunion Inseln abdecken. Ihr militärischer Teil heißt »Syracuse« und stellt Verbindungen für die Land- und Seestreitkräfte zur Verfügung. Der Ausbau des »Syracuse«-Systems ist geplant. Entschieden war bislang nicht, ob »Syracuse II« ein rein militärisches oder mit zivilen Aufgaben kombiniertes Raumsystem werden soll.
Die NATO setzt z.Zt. vier Satelliten (NATO IIIA/B/C/D) ein, wobei letzterer seit November 1984 als (»stille«) Reserve dient. Sie stellen sichere und ständige Kommunikationsverbindungen zwischen nationalen Entscheidungsstellen und der NATO-Kommandostruktur her. «NATO III« COMSAT's sind voll interoperationabel mit DSCS III und »Skynet 4« Satelliten. Seit 1985 untersucht die NATO ihren künftigen COMSAT-Bedarf. Man rechnet mit dem Einsatz von vier neuen COMSAT's in den ersten 90er Jahren. Zur Kostensenkung dürfte ein System »von der Stange« wie DSCS oder »Skynet IV« favorisiert werden.

Ein NATO III-COMSAT bei einem Funktionstest in der anechoischen Kammer, er wurde im Januar 1977 gestartet. Das System ist für die NATO im Frieden von unschätzbarer Bedeutung, ihre Überlebensfähigkeit im Kriege jedoch durch künftige sowjetische ASat-Waffenentwicklungen in Frage gestellt.

Navigation

Der erste US-Navigationssatellit (NAVSAT) hieß »Transit« und war ursprünglich entwickelt worden, um die USN »Polaris«-Uboote mit einem moderneren Allwetter-Navigationssystem auszurüsten. Eine Serie von »Transit«-NAVSAT's im 1.100 km Kreisorbit sendet rhythmische Signale aus, die von kleinen Empfängern erfaßt werden. Danach kann die Position mittels Signaldopplereffekt und der Kenntnis der NAVSAT-Bewegung bis auf 150 m genau berechnet werden. Seit seiner Einführung 1964 wurde dieses System laufend verbessert. Kürzlich wurden zusätzlich »Nova«-NAVSAT's mit stärkeren Sendern und besserer Kompensation von orbitalen Turbulenzen in das »Transit«-System eingeführt. Zeitsprünge zwischen Positionsvergleichen schwanken zwischen 30 Minuten in großer Höhe und 100 Minuten nahe dem Äquator. Das System wird von vielen Tausend zivilen und militärischen Stellen weltweit genutzt.
Ein paar Jahre früher realisierten militärische Planer diese Technologie, die ständig verfeinert, heute ein NAVSAT-System bietet, das extrem genaue Positions- und Geschwindigkeitsinformationen an alle Nutzer mit einem kleinen Empfänger liefert. Damit war das NavStar Global Positioning System (GPS) geboren.

NavStar Satelliten

GPS wird letztlich aus 18 »NavStar«-Satelliten bestehen, die in drei regelmäßigen Orbitringintervallen positioniert werden, jeweils 63° zum Äquator geneigt. Ihre Höhe liegt bei 20.000 km, ihre Umlaufzeit periodisch bei 12 Stunden. Jeder Satellit sendet in zwei verschiedenen Codierungen, eine für militärische und eine für zivile Nutzer. Erstere können ihre Position dreidimensional mit 15 m Genauigkeit und ihre Geschwindigkeit mit wenigen Zentimetern pro Sekunde danach bestimmen. Die militärischen Signale sind verschlüsselt und gegen Störung weitgehend unempfindlich. »NavStar« Prototypensatelliten wurden längst mit großem Erfolg getestet, das System wird ab Ende 1988 serienmäßig eingesetzt.

Bild unten:
»NavStar« Global Positioning System (GPS)-Satelliten senden ununterbrochen ihre Kennung, genaue Position im Raum und nach Borduhren die Uhrzeit. Die Empfänger registrieren die Signalempfangszeit, die Übermittlungsdauer, dazu ihre eigene Position vom Satelliten. Vergleichsmessungen von drei Raumsendern ergeben das Positionsfix, ein vierter Satellit korrigiert falsche Uhrzeiten in der Empfängeruhr. Kein mit GPS ausgerüstetes Schiff, Flugzeug oder Panzer kann so überhaupt noch die genaue geografische Orientierung verlieren.

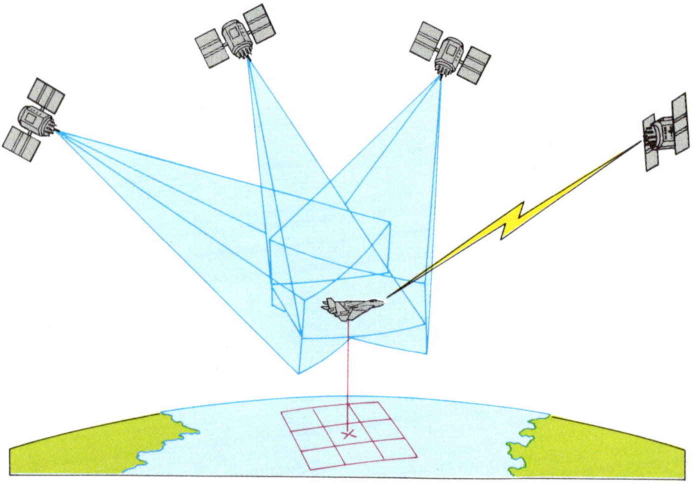

Anwendungen von »NavStar« sind praktisch unbegrenzt. Man erwartet über 20.000 Nutzer. Schiffe, Flugzeuge, Flugkörper und Bodentruppen können damit ihre Position mit bisher nicht möglicher Genauigkeit und Schnelligkeit mit kleinen, passiven Empfängern selbst bestimmen. Fernwaffen erreichen damit eine hohe Treffgenauigkeit unabhängig von der Zieldistanz, SLBM, etwa auf »Trident«-Ubooten haben so die gleiche Zielgenauigkeit wie Land-ICBM. Marschflugkörper navigieren damit ohne einen eigenen Sendeimpuls. Die Luft/Boden-Unterstützung des Heeres durch Flugzeuge wird erheblich verbessert, Minensuche- und abwehr viel wirksamer, seit die Suchgebiete derart exakt vermessen und kartografisch genau begrenzt werden können, Aufklärungssatelliten liefern präzisere Koordinaten von möglichen Zielen. Flugzeuge erreichen ihren Rendezvous-Punkt zur Luftbetankung ohne Radar- oder Funkunterstützung.

Sowjetische NAVSAT's folgen den amerikanischen Einsatzverfahren meist haargenau. Ein dem »Transit« vergleichbares System steht in 1.000 km Polarorbits und wird durch etwa vier Starts jährlich unterhalten. Das letzte sowjetische »Glonass«-System ist eine genaue Kopie des amerikanischen »NavStar« und dient ebenso militärischen und zivilen Nutzern. Deren Satelliten stehen in drei oritalen Ebenen, 63° geneigt in 20.000 km Höhe. Die 12 geplanten Satelliten dürften keine volle globale Abdeckung ergeben. Dies nährt die Spekulation, daß militärische »Glonass«-Nutzerempfänger »NavStar«-Signale aufnehmen können, vermutlich »gratis« über die Zivilfrequenz.

Bild unten:
Ein »NavStar« GPS NAVSAT — vor dem Start ins All — bei Tests in der Raumsimulationskammer. 18 NAVSAT's stehen in regelmäßigen Intervallen in drei Orbitringebenen. Ihre Positionsangaben sind auf 15 m, die Geschwindigkeitsinformationen auf 3-5 cm/sek genau.

Meteorologie und Geodäsie

Die Arten der zivil und militärisch benötigten, meteorologischen Daten sind höchst unterschiedlich. Daher verwenden die USA jeweils eigene Satellitensysteme dafür. Grundsätzlich verlangen zivile Stellen für Wettervorhersagen geeignete Daten, die Militärs brauchen weit mehr und schnellere Informationen.

Das wichtigste DoD-Wetterinformationssystem DMSP (Defence Meteorological Satellite Program), verwendet zwei »Block 5D-2« METEOSAT's in Kreisumläufen von 850 km mit 98° Neigung. Dieser Orbit ist sonnensynchron, so daß der Winkel zwischen der Orbitebene und der Achse Erde-Sonne konstant bleibt. Eine Umlaufperiode dauert 101 Minuten, und Orbitgeometrie und Erddrehung wirken derart, daß jeder Satellit die gesamte Erdoberfläche zweimal täglich im Blickfeld hat.

Der Sensorteil des »Block 5D-2« ist bestens ausgestattet, gesammelte Daten können von kleinen Empfängern auf Land- oder Seefahrzeugen direkt abgefragt werden. Optische und IR-Bilder werden fast in Echt(null)zeit mit Auflösungen um 800 m erstellt. Ein IR-Scanner-Radiometer mißt die Vertikaltemperaturen der Atmosphäre und ihren Wasserdampfgehalt. Passive Mikrowellen-Temperaturfühler gucken durch die Wolken und messen die Temperatur vom Boden bis in Höhen über 28 km. Ein UV-Sensor mißt die Dichte der Atmosphäre zwischen 95 und 240 km Höhe, ein Elektronenspektrometer unterstützt Vorhersagen über Polarlichtaktivitäten. Andere Sensoren überwachen ionosphärische Bedingungen und ein Gammastrahlendetektor ist an Bord zur Überwachung von Atomexplosionen.

Militärische Anwendungen

Die gesammelten Informationen sind von ungeheuerem Wert. Strategische und taktische Lufteinsätze können entsprechend vorherrschendem oder erwartetem Wetter geplant und durchgeführt werden. Das SAC (Strategic Air Command) aktualisiert ständig das ICBM-Führungssystem mit relevanten meteorologischen Daten, die die Flugbahn der ballistischen Flugkörper beeinflussen können. Die Kenntnis der Bedingungen in der oberen und unteren Atmosphäre ist auch für den wirkungsvollen Aufklärungssatelliteneinsatz außerordentlich wichtig. Ionosphärische Daten erlauben eine Qualitätsvorhersage von HF-Funksendungen.

Sowjetische »Meteor 2«-Wettersatelliten stehen in etwas niedrigerem Orbit als die amerikanischen, zwei oder drei sind im Einsatz. Ihre Auflösung soll geringer sein als bei den »Block 5D-2« METEOSAT's, während die Ausrüstung mit

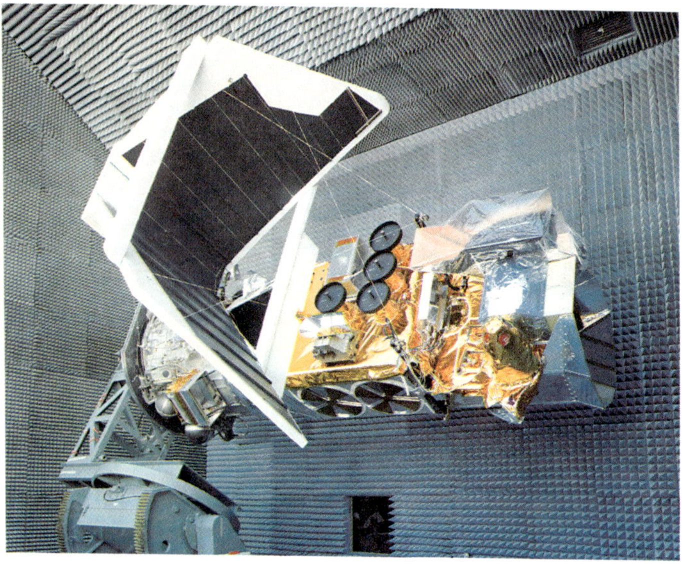

optischen und IR-Sensoren und Instrumenten zur Messung von Feuchtigkeitsgehalt und Vertikaltemperaturprofil der Atmosphäre annähernd vergleichbar ist. Wie US-METEOSAT's können auch von sowjetischen »Meteor 2« von jedem Punkt der Erde Daten abgefragt werden, wenn der Satellit den Empfänger überfliegt.

Geodätische Satelliten mit Foto- und Radarsensoren werden zur Vermessung und Kartografie der Erdoberfläche eingesetzt. Sie liefern ferner Daten der Gravitations- und Magnetfelder der Erde. Neben anderen Informationen erlauben diese Daten, Flugbahnen ballistischer Flugkörper exakt vorauszuberechnen. Auch für die Führungssysteme von Marschflugkörpern sind sie von großer Bedeutung.

Die US Defence Agency (DMA) hat im Rahmen ihres geodätischen Satellitenprogramms seit Mitte der 60er Jahre eine Reihe von Satelliten gestartet. Die Sowjetunion verfolgt ein ähnliches Programm.

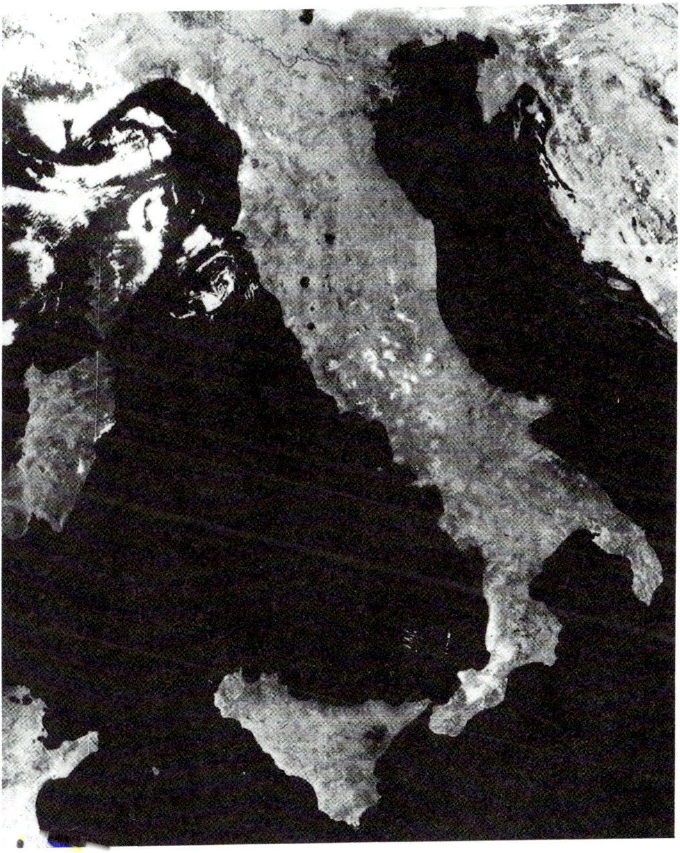

Bild links:
Das DMSP (Defence Meteorological Satellite Program) verfügt über zwei »Block 5D-2« Satelliten, sie stehen im sonnensynchronen Kreisorbit, 580 km hoch und 98° geneigt.

Bild oben:
Ein Foto von Italien, Sizilien, der Adria und einem Teil des Mittelmeeres, aufgenommen von einem DMSP-Satelliten mit dem LineScan-System. Der Wert dieser Einrichtung für die Wettermacher ist aus diesem Bild genügend deutlich abzulesen.

Satelliten-Kriegsführung

In jedwedem terrestrischen Konflikt werden Satelliten eine Schlüsselrolle spielen. Oft wird gesagt, Satelliten seien »Vervielfältiger der Streitkräfte«, d.h. sie ermöglichen einen viel wirkungsvolleren Einsatz aller militärischen Mittel. Dies gilt gleichermaßen für alle zivilen Bereiche. Auch wenn Systeme, wie »NavStar« und MilStar«, erst Ende dieses Jahrzehnts voll im Einsatz sind, ist ihr Wert schon heute weit höher als nur mit »nützlich« zu bezeichnen.
Die wachsende Abhängigkeit von Satelliten, übrigens einhergehend mit der von Elektronik und anderen, rasch weiterentwickelten modernen Technologien, hat militärische Planer zweifellos längst zur Überzeugung gebracht, daß die wichtigsten Probleme sich aus der zu sichernden Überlebensfähigkeit der Raumsysteme ergeben. Diese Erkenntnis drängt alle anderen, wie Zerstörung gegnerischer Potentiale, zurück. Im Klartext heißt dies, wenigstens im Westen (siehe SDI), Verteidigung wird wichtiger als Angriff. Folglich liegt der Schwerpunkt künftiger Planungen und Entwicklungen eindeutig auf der Steigerung der Überlebensfähigkeit aller Raumsysteme und der Entwicklung von Anti-Satelliten(abwehr)waffen (ASats).
Erste Erfordernis für jede ASat-Waffe ist die Fähigkeit, des Gegners Raumsysteme zu orten und zu identifizieren. Dies ist weniger ungewöhnlich als es scheint, da beide Supermächte bereits über notwendige Such-, Ortungs- und Verfolgungsausrüstung verfügen oder

sie entwickeln, die sich zudem für andere Missionsaufgaben eignet. Die totale Satellitenüberwachung ist auch zur Vermeidung von Raumkollisionen, vorzeitigem Verlust durch Absturz in die Atmosphäre oder von Reaktionen im Falle falschen Angriffsalarms von Wichtigkeit. Es geht primär um die Feststellung, was die andere Seite tut. So existieren bereits viele Satellitenverfolgungssysteme als Nebenprodukt anderer Primäraufgaben und der gesamten Infrastruktur im Raum zur Erkennung, Überwachung und Abwehr ballistischer Angriffsflugkörper.

Raummüll

Objektverfolgung im Raum ist keine einfache, leichte Aufgabe. Rund 15.000 von Menschenhand produzierte Objekte wurden seit dem ersten »Sputnik 1«-Start ins All geschossen. Darunter befinden sich zahllose leergebrannte Trägerraketenteile, »tote« Satelliten und eine Unzahl sonstiger »Weltraumtrümmer«, für die die Bezeichnung »Müll« zutrifft. Fielen auch die meisten in die Atmosphäre zurück und verglühten, so überwachen die Amerikaner immer noch etwa 5.600 Raumobjekte. Neben diesen verfolgten, also bekannten Unfallgefahrenquellen treiben sich über 10.000 sonstige Trümmer, Teile von über

Für die USA und die UdSSR ist es lebenswichtig, daß ihre strategischen Kommando-, Führungs- und Kommunikationsstellen und -Netze (C^3 = Command, Control, Communications), die alle Systeme verflechten, überlebensfähig sind. Das NORAD (North American Aerospace Defence Command)-Befehlszentrum ist deshalb tief in die Felsen des Cheyenne-Gebirges hineingebaut.

70 Raumexplosionen usw. in Umlaufbahnen herum, die vom existierenden Sensorennetz nicht erfaßt werden können.

Das Nervenzentrum des amerikanischen Raumüberwachungsnetzes ist daher in den Cheyenne-Bergen, nahe Colorado Springs, im NORAD (North American Aerospace Defence Command)-Kommando zusammengefaßt. Es koordiniert alle strategischen Luft/Raum- und Flugkörperüberwachungsmittel, verantwortlich für die Überwachung und Verfolgung aller von Menschen in den Raum geschossenen Objekte. Alle diese raumbezogenen Aufgaben werden zentral vom USAF Space Command (Luftwaffen-Raumkommando) geführt und kontrolliert, sein »Gefechtsstand« für Raumoperationen (Space Defence Operations Center — SDOC) ist ebenfalls im NORAD-Bunkersystem (NORAD Cheyenne Mountain Complex — NCMC) untergebracht, da viele Aufgaben der Datensammlung und Koordinierung gemeinsam gehandhabt werden. Das NCMC selbst ist also ein voll gesichertes Hauptquartier, in 500 m dicke Granitfelsen gesprengt, das ohne jedwede Abhängigkeit von der Außenwelt 30 Tage (sich selbstversorgend) arbeiten kann.

Das Sensornetz für Satellitendatengewinnung »SpaceTrack« umfaßt Systeme zur Satellitenüberwachung und weltweit verstreute Radaranlagen zur Flugkörperfrühwarnung.

Die Erstinformation über Starts ballistischer Flugkörper und Satelliten erfolgt durch DSP (Defence Support Program = Verteidigungsunterstützungsprogramm)-Frühwarnsatelliten, wie schon vorher beschrieben. Sie liefern erste Verfolgungsparameter für Flugkörperstarts auf sowjetischem und rotchinesischem Territorium, vom Indischen, Atlantischen und Pazifischen Ozean. Danach übernimmt das BMEWS (Ballistics Missile Early Warning System) mit seinen drei riesigen Radaranlagen in Fylingdales/UK, Clear/Alaska und Thule/Grönland die Verfolgung der ballistischen Flugkörperflugbahnen.

BMEWS Entwicklung

Das BMEWS wurde in den späten 50er und ersten 60er Jahren entwickelt. Seit 1962 ist es einsatzbereit. Ursprünglich war es das wichtigste Informationsmit-

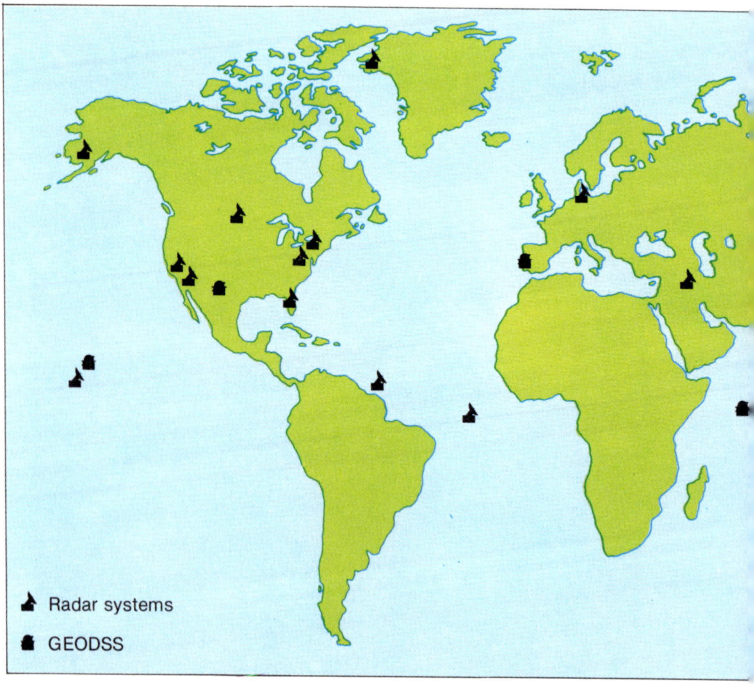

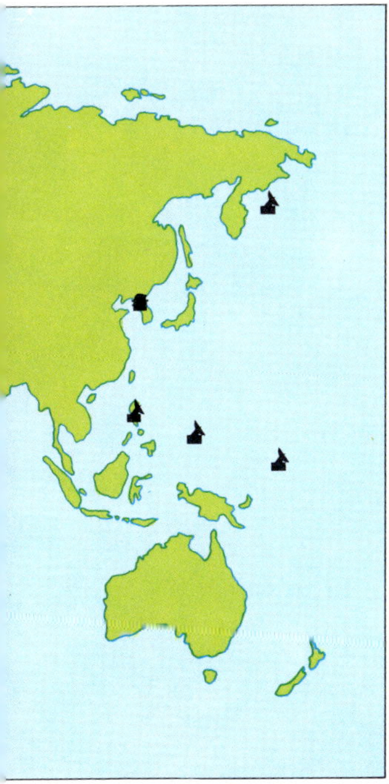

Bild oben:
Das Wappen des am 1. September 1982 aufgestellten USAF Space Command zeigt den Erdball aus dem All betrachtet, dazu Orbit- und Flugkörperembleme. Zu den Aufgaben des USAFSC gehören: Verantwortliches Management und Einsatz aller amerikanischen Raumaktivitäten und -mittel, Zentralisierung der Raumplanung und für die US-Luftwaffe, mit dem Beginn des SDI-Programms, der Einstieg in den strategischen Verteidigungsauftrag.

Bild unten:
Das US-SDTS (Space Detection and Tracking System) ist vom globalen Netz der Radar- und elektro-optischen Sensorstellungen abhängig, einschließlich derer mit anderen Aufgaben, wie BMEWS (Ballistic Missile Early Warning System)-Stationen auf Thule/Grönland, Clear/Alaska und Fylingdales/UK sowie speziellen Satellitenverfolgungsradar-Stellungen und bodengebundenen GEODSS (Ground-based E/O (Electro/Optical) Deep Space Surveillance System)-Einrichtungen.

tel über Frühwarnung von ballistischen Flugkörperstarts, doch diese Funktion ist heute weitgehend Sache von DSP-Satelliten. BMEWS hat mehr und mehr Aufgaben der Angriffsbeurteilung und Überwachung von Satellitenstarts übernommen.

Jede BMEWS-Stellung arbeitet mit zwei unterschiedlichen Radartypen: einem Pulsdopplersystem mit fester, 120x150 m großer Antenne und einem Parabolspiegel. Zur besseren Zielunterscheidung sind die Rechner aller drei BMEWS-Systeme ab 1983 laufend verbessert worden. In Thule wurde ein großes Phasenantennen-Radar errichtet, das ältere Radaranlagen ab 1986 ablöst.

Pave Paws Radare

In Ergänzung des BMEWS-Systems verfügen die USA über zwei »Pave Paws«-Phasenantennenradare mit 130 m Pyramidenantenne, eines auf der Otis AFB (Air Force Base = Fliegerhorst), Massachusetts, das andere auf der Beale AFB, Kalifornien, deren Aufgabe die Entdeckung und Verfolgung von aus dem Atlantik und Pazifik gestarteten SLBM's und die Lieferung von Satellitendaten für »SpaceTrack« ist. Ihre Struktur ist plan-trapezoidförmig mit Sendeantennen auf den abfallenden Seiten, 120° zueinander geneigt. Damit wird im Verbund eine 240° Azimuth- und 3-85° Höhenabdeckung erreicht. Die oktogone

Einrichtung mißt 32 m im Quadrat und hat eine effektive Reichweite von 5.500 km. Der Aufbau weiterer Pave Paws-Radare läuft u.a. auf der Goodfellow AFB, Texas, und Robins AFB, Georgia.
Andere Radare, einschließlich der »Cobra Dane« mit Phasenantennen, FPS-85 und PAR (Perimeter Acquisition Radar)-Anlagen, liefern Daten an NORAD und »SpaceTrack«. »Cobra Dane« ist seit 1977 einsatzbereit, auf einer kleinen Felseninsel der westlichen Aleuten installiert, nur 800 km von der Sowjetunion entfernt. Dagegen hat »Pave Paws« nur eine Radarseite (30 m Durchmesser), mit der im Raum 120° im Azimuth und rund 80° in der Höhe abgetastet werden. Sie sind so empfindlich genug, zur Ab-

Bild unten:
Eine BMEWS-Station, deren Radom (Antennenverkleidung) auch als optischer und Radar(funk)orientierungspunkt dient. Satelliten über dem Indik erfassen den Start sowjetischer ICBM binnen 90 Sekunden. Sie warnen unmittelbar Bodenstationen auf Guam und nahe Alice Springs in Australien. BMEWS verfolgt und identifiziert sodann von Norden anfliegende, direkt gegen Nordamerika gerichtete Flugkörper. BMEWS-Stellungen sind daher ein wichtiger Baustein im strategischen Warnsystem der USA.

deckung der sowjetischen Tätigkeiten ein grapefruit-großes Metallobjekt über 3.500 km Distanz zu orten. Im Verfolgungsmode (Mode = Verfahrensart) können sie gleichzeitig bis zu 200 Objekte in Entfernungen bis 2.000 km »bearbeiten«. Das FPS-85 Radar, seit 1965 auf der Eglin AFB, Florida, einsatzbereit, war ursprünglich als wichtigster, aktiver Sensor im »SpaceTrack«-Netzsystem geplant, erfüllt aber auch Flugkörperaufspüraufgaben. Sende- und Empfangsantennen sind nebeneinander angeordnet und beide rund 45° gegen die Horizontale geneigt.

PAR-Abdeckung

Das in North Dakota stationierte PAR-Radar diente anfangs dem 1976 außer Dienst gestellten US-»Safeguard« ABM-System. Nur das PAR blieb davon weiter im Einsatz und wurde als zusätzliches Element des Frühwarnnetzes modernisiert. In dieser Rolle prüft und bewertet es Daten aus anderen Quellen und unterstützt damit die Vorausberechnung von Zielpunkten einkommender Gefechtsköpfe von ballistischen Flugkörpern. Seine nordgerichtete, 120° abdeckende Antenne dient teilweise als Ersatz (Reserve) für Ausfälle bei BMEWS-Stellungen oder zur Überwachung von Starts und den Gewässern des arktischen Raumes und der Hudsonbucht. Die PAR-Mehrfacheignung

Bild oben rechts:
Ein Soldat der 6. Missile Warning Squadron — MWS) Flugkörperwarnstaffel an einer »Pave Paws«-System-Frühwarnkonsole mit Oszillograph-Monitor. Die 6. MWS liegt auf der Cape Cod AFB, ihre Aufgabe ist die Lieferung von Warn- und Angriffscharakterisierungsdaten von SLBM- und ICMB-Angriffen sowie Überwachung, Verfolgung und Identifizierung von Raumobjekten.

Bild rechts:
Die charakeristische Form der FPS-115 »Pave Paws«-Phasenantennenanlage, die auf UHF (Ultrakurzwellen)-Frequenzen und mit Festkörperelektronik-Technologie arbeitet. Die Antenne weist zwei kreisförmige 30,5 m Planarantennen mit 5.400 speziellen Einzelelementen auf. Die Radarstrahlen (Keule) werden dabei elektronisch geformt und gesteuert. Damit erreicht man Abdeckungsbereiche von 85° in der Höhe und 240° im Azimuth bis zu 4.800 km Entfernung.

zur Verfolgung großer Flugkörperzahlen erlaubt auch die Überwachung von Satelliten und Weitergabe wichtiger Daten an das »SpaceTrack«-Netz.

NAVSPASUR

Das US Navy Space Surveillance System (NAVSPASUR = Marine Raumüberwachungssystem) liefert ebenfalls Informationsdaten an das »Space Track«-System. Es ist ein multistatisches Dauerstrichradar mit sechs Empfangs- und drei Sendestationen, die alle innerhalb eines großen Kreises zwischen Fort Stewart, Georgia und San Diego, Kalifornien liegen. Die Sender benutzen riesige Linearantennen zur fächerförmigen Radarkeulenabstrahlung. Die Empfangsstationen entdecken Radarechos der durch die Radarkeule fliegenden Satelliten. Danach bestimmen sie die orbitalen Charakteristiken jedes die Radarwellen kreuzenden Objekts über Distanzen von 75 bis 7.500 km. Ein Modernisierungsprogramm verdoppelte diese Höhenleistungsparameter. Die NAVSPASUR-Zentrale liegt in Dahlgren, Virgina und gilt als neues NORAD Ausweich-Raumüberwachungszentrum (Alternate NORAD Space Surveillance Center — ANSSC).

Bild oben:
Dieser riesige FPS-85 Phasenantennenradar wird von der 20. MWS (Missile Warning Squadron) auf der Eglin AFB, wenige Kilometer südostwärts von Fort Walton Beach, Florida, betrieben. Seine Primäraufgabe ist die Warn- und Angriffscharakterisierung eines auf die USA und Südkanada gerichteten SLBM-Angriffs. Seine 45° geneigte Antenne mit dem rechteckigen Sende (links)- und oktogonen Empfangsteil (rechts) reicht über den Golf von Mexiko hinaus. Die Radarabstrahlung zwischen 105° in der Höhe und 120° im Azimuth ist elektronisch gesteuert.

»SpaceTrack« empfängt ferner Informationen aus dem NASA (National Aerospace Administration)-Verfolgungsnetz und Flugkörperversuchszentrums auf dem pazifischen Kwajalein-Atoll, Radaranlagen in der Türkei, auf den Philippinen und Thailand.
Neben all diesen Mehrzweckeinrichtungen beinhaltet »SpaceTrack« eine Reihe weiterer spezieller Überwachungssyste-

me, wie u.a. vier Baker-Nunn-Teleskope auf der Edward AFB, Kalifornien, in Neuseeland, Südkorea und Italien, die die vermeintliche Sternenbewegung während der Erddrehung auf Fotos festhalten, auf denen sich Satelliten als bewegende Objekte gegen den festen Sternenhintergrund abzeichnen.
Dieses System wurde in den 50er Jahren entwickelt und erwies sich als sehr nützlich beim Mitkoppeln stehender (stabiler) Satellitenorbits. Da die Foto- und Datenanalyse immerhin 90 Minuten dauert, ist sie nicht in erforderlicher Echt(null)zeit möglich.
Das neue GEODSS (Ground-based Electro-Optical Deep Space Surveillance)-System liefert demgegenüber Echtzeit-Informationen. Dazu verfügt es über große, mit Restlicht-TV-Kameras gekoppelte Optiken und braucht keine Zeit für Filmentwicklungen, da die Bilder direkt in elektronische Signale zur Rechnerauswertung und visuellen Darstellungen umgewandelt werden. Das System überwacht fußballgroße Objekte in geostationären Orbits. Zum GEODSS-Netz gehören Stationen in White Sands/Neumexiko, Tägu/Südkorea, Maui/Hawaii, auf Diego Garcia/Indik und in Südportugal. Seine erste Station in Neumexiko wurde 1983, die letzte in Südportugal 1988 in Betrieb genommen.

GEODSS Weiterentwicklungen

Jede GEODSS-Station hat zwei 100 cm Teleskope (mit 2.1° Sicht/Öffnungswinkel) und ein 38 cm Hilfsteleskop mit 6° Sichtfeld. Bereits 1985 gab es Pläne zur Systemverbesserung durch Infrarot-Sensoren, Bildkompensationsgeräte und empfindlichere Kameras. Auch die Entwicklung von mobilen Luft- und Raumsystemen auf verwandter Technologiebasis ist im Gange.
Eine detaillierte Auflistung sowjetischer Satellitenüberwachungssysteme ist nicht möglich. Zweifellos verfügen sie auch, wie ihre amerikanischen Gegenspieler, über Frühwarn- und Flugkörperverfolgungssysteme, die zugleich der Raumüberwachung dienen. Das sowjetische Frühwarnsystem gegen ballistische Flugkörper schließt ein Startentdeckungs-Satellitennetz, Überhorizontradare und ganze Serien großer Phasenantennenradare ein.
Das weiter oben beschriebene Frühwarnsatellitensystem gibt den Sowjets höchst genaue Informationen über Flugkörper- und Satellitenstarts. Das Netz wird durch zwei riesige Überhorizont-Radaranlagen um äußersten Osten und Westen der UdSSR ergänzt, deren Abdeckung sich über den amerikanischen ICBM-Stellungen kreuzt. Es liefert zwar weniger genaue Daten als das Satellitensystem, ergänzt sich jedoch gegenseitig und bringt deshalb mehr zuverlässige Daten als jedes System für sich allein. Die Zweckmäßigkeit, Überhorizontradare zur Satellitenstartüberwachung einzusetzen, ist noch nicht gesichert. Nach amerikanischen Statistiken liefern sie wohl eine gute Abdeckung der mittleren USA, nicht aber der Küstenregionen, wo die wichtigsten kommerziel-

Bild rechts:
Ein 100 cm Teleskop der kürzlich in Betrieb genommenen GEODSS-Station. Die Restlicht-Fernsehkamera (LLTV — Low-Light TV) am hinteren Teil liefert Echtzeitbilder.

Bild unten:
Die beiden neuen GEODSS-Bauten auf dem White Sands Flugkörpertestzentrum, 48 km von Socorro entfernt. Die GEODSS-Daten gehen direkt an das Raumüberwachungszentrum im NORAD-Hauptquartier.

len und militärischen US-Raumbahnhöfe Cape Canaveral, Wallops Island und Vandenberg AFB liegen.

Demgegenüber besitzt die Sowjetunion eine Flotte von über 100 Nachrichtenschiffen auf allen Weltmeeren. Ihre Primäraufgabe ist die Nachrichtenbeschaffung über westliche Marineoperationen, viele halten sich oft auch vor den amerikanischen Küsten-Raumfahrtbahnhöfen auf. Ferner dienen fünf sowjetische, nach in der Raumfahrt umgekommenen Kosmonauten benannte Spezialschiffe ganz speziell zur Unterstützung sowjetischer Raumaktivitäten und Lieferung von Satellitenverfolgungsdaten. Die 1983 vom Stapel gelaufene »Marshal Nedelin« hat sicherlich Raumunterstützungsaufgaben, ist aber auch in das sowjetische Raumüberwachungsnetz integriert. Ein weiteres Schiff dieser Klasse war 1985 im Bau.

Die Radarraumabdeckung über und an der Peripherie der UdSSR ist sehr umfassend. Zu ihr gehören seit 1965 elf große »Hen House« Radaranlagen zur Frühwarnung gegen ballistische Flugkörper an sechs Orten der Sowjetunion. Mitte der 80er Jahre war ein neues, wesentlich leistungsfähigeres Nachfolgesystem mit sechs neuen »Pechora« Phasenantennenradaranlagen im Bau. Fünf von ihnen verdoppeln oder ergänzen die »Hen House«-Abdeckung. Das sechste, nach Nordosten gerichtete in Kransnojarsk deckt sowjetisches Territorium bis in 4.500 km Höhe ab. Diese Radare verstärken die sowjetische Satelliten- und Flugkörperüberwachungsfähigkeit ganz beträchtlich. Die amerikanisch-sowjetischen Kontroversen über das »Krasnojarsk«-Radar unterstreichen dies nachdrücklich.

Der ABM (Anti-Ballistic Missile)-Vertrag von 1972 erlaubt den Bau von Frühwarnradareinrichtungen an der Peripherie nationaler Territorien mit »Blick nach draußen«. Die Sowjets bleiben bei ihrer Be-

hauptung, dies Radar dient der Satellitenverfolgung, nicht der Frühwarnung, obwohl es dem »Pechora«-Typ sehr ähnelt. Das einfachste Argument ist wohl, daß es für beide Aufgaben bestens geeignet ist.

Andere Verfolgungsradare

Weitere Radare im Verbund mit dem Moskauer ABM-System haben ebenfalls Satellitenverfolgungskapazität, das wichtigste ist zweifellos das »Puschkino«-Phasenantennenradarsystem. Es ist rund 30 m hoch, seine vier Außenflächen sind 150 m lang. Seine Aufgabe ist, ABM-Abwehroperationen festzustellen. In Form und Funktion ist es dem North Dakota-Flugkörperradar vergleichbar. Ältere »Dog House« und »Cat House« Radare südlich Moskau bilden einen weiteren Teil dieses ABM-Systems, ebenfalls für Satellitenverfolgungszwecke verwendbar.

Außer der Satellitenüberwachungskapazität durch Frühwarn- und ABM-Einrichtungen, verfügt die Sowjetunion über einige Verfolgungsstationen auf fremden Territorien. Natürlich benötigt ihr eigenes riesiges Raumfahrtprogramm Satellitenverfolgungsmittel: Radioteleskope, Boden-Nachrichten(späh)gewinnungssysteme und optische Sensoren, ähnlich den amerikanischen Baker-Nunn-Geräten, die sämtlich zur Raumüberwachung dienen.

Bild unten:
1983 vom Stapel gelaufen, ist das sowjetische 25.000 Tonnen große Spezialschiff »Marshal Nedelin« 214 m lang. Es ist mit zahlreichen Antennen auf umfangreicher Elektronik für Raum- und Flugkörperkontrollaufgaben ausgerüstet.

Anti-Satellitenwaffen

Die Anforderung an ein Anti-Satellitenwaffensystem (ASatWS) ist weniger streng als an ein Abwehrsystem gegen ballistische Flugkörper. Gefechtsköpfe ballistischer Flugkörper beispielsweise präsentieren sich nur für höchstens 30 Minuten ihrer Flugzeit zwischen Start und Ziel. Sie sind gegen die Beanspruchungen des Wiedereintritts in die Erdatmosphäre gehärtet. Satelliten indessen folgen weitgehend vorberechenbaren Umlaufbahnen, manchmal jahrelang. Sie sind recht zerbrechliche Gebilde. Dennoch ist das Abfangen von Satelliten kein leichtes Spiel. Ein im 160 km hohen Orbit umlaufender Satellit fliegt mit rund 27.000 kmh, einer im »Molnija«-Orbit mit etwa 37.000 kmh bei größter Erdannäherung in 320 km Höhe.
Direkte physische Interzeption ist wahrscheinlich schwierig bei solchen Geschwindigkeiten, auch wenn der letale Radius eines Abfängers auf verschiedene Weise vergrößert werden kann, etwa mit Sprengladungen. Die wirksamsten sind natürlich nukleare Sprengsätze. Auch Satelliten weit außerhalb direkter atomarer Waffenwirkung mit physischer Zerstörung können durch sogenannten EMP (Elektro-Magnetischer Puls = Strom/Strahlungsstoß, der bei der Nuklearexplosion entsteht), zumindest be-

Das Schaubild zeigt die verschiedenen Typen von raum- und bodengestützten ASat-Waffensystemen, zusammen mit Verfahren zur Zerstörung von für einen Gegner lebenswichtigen Satellitensensoren. Satelliten in niedrigen Umlaufbahnen werden als von ASat-Flugkörpern ausgeschaltet dargestellt, während hochfliegende NAVSAT's durch eine Kombination von Flugkörpern und Direktenergiewaffen zerstört werden. Hochorbit- und geostationär positionierte Satelliten sind Ziele für Laser- oder Partikelstrahlwaffen. Sowjetische ASat-Waffen können derzeit nur in niedrigen Orbits stehende Satelliten treffen. Neue Entwicklungen, in den frühen 90er Jahren wohl einsatzbereit, dürften jedoch hochfliegende Satelliten erreichen können. Im gleichen Zeitrahmen planen die Amerikaner keine vergleichbaren Hochorbit-ASat-Waffen.

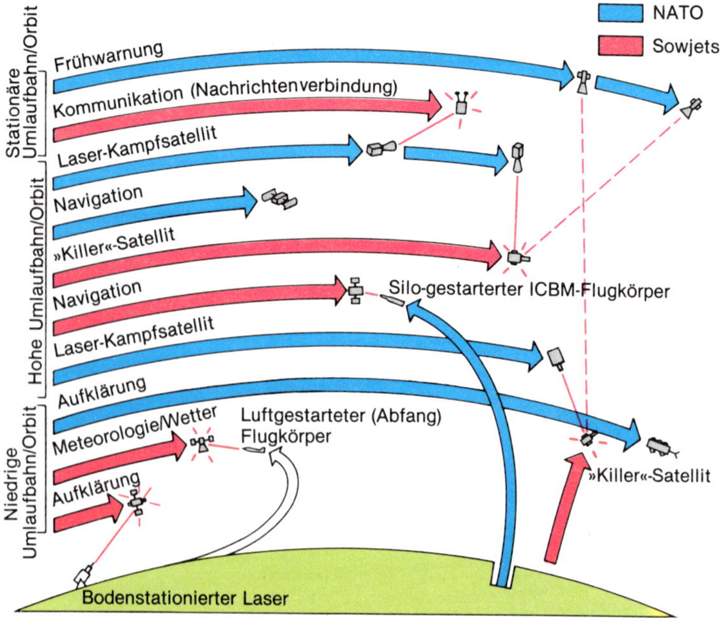

NIKE-Zeus-Flugkörper wurden anfangs als ABM (System) bezeichnet. Mit einem Nukleargefechtskopf von einer MT (Megatonne) ausgerüstet und durch Bodenradar ins Ziel geführt, hatten sie sehr begrenzte ASat-Tauglichkeit, vor allem wegen ihrer geringen Höhenreichweite von 550 km.

schädigt, d.h. bei nicht gehärteter Elektronik ausgeschaltet werden. Damit besteht durch diese Technik Gefahr, auch eigene Satelliten zu beschädigen.
Eine andere ASat-Technik ist die Aussendung von Täuschbefehlssignalen, die z.B. einen Satelliten zum »Taumeln« und späteren Absturz bringen können. Gewisse Satellitentypen sind auch auf andere Weise verwundbar. Frühwarnsatelliten etwa können durch Laserstrahlen geblendet, ELNIT-Satelliten gestört werden. Außerdem kann ein Gegner durch Zerstörung seiner Bodenkontroll- oder Datenempfangseinrichtung für Satelliten nachhaltig beeinträchtigt werden. Solche ASat-Techniken sind bereits verfügbar, weitere Entwicklungen auf diesem Gebiet sind künftig nach entsprechenden Forschungsergebnissen für Abwehrtechnologien gegen ballistische Flugkörper zu erwarten.

FOBS-Gegenmittel

Das US-Interesse an ASat-Waffensystemen stammt ursprünglich vom Wunsch ab, der Sowjetunion ihre Vorteile aus dem großen Satelliteneinsatzaufwand in einem Konflikt zu nehmen. Diese Anstrengungen wurden verstärkt, als die UdSSR mit der Entwicklung von FOBS (Fractional Orbit Bombardment System = Orbitales Fragment-Bombardierungssystem). FOBS war grundsätzlich eine, mit SS-9 Trägern in den Raum gebrachte, nukleare Waffe. Bevor es seinen ersten Orbit vollendet, rund 800 km vom Ziel enfernt, werden Bremsraketen zur Verlangsamung des Umlaufs gezündet, FOBS fällt dann auf das Ziel. FOBS wurden für besonders bedrohlich gehalten, weil damit Ziele aus jeder beliebigen Richtung anzugreifen und die nordwärts orientierte US-Frühwarnung zu umgehen wäre. Uran glaubte, daß so die US-ABM- und Frühwarnradaranlagen zerstört werden könnten und damit der Weg frei wäre für einen totalen ICBM-Angriff.
Das erste, 1960 begonnene US-ASat-Programm war ein Satelliteninterzeptor (SAINT), der mit einer auf den »Atlas-Centaur«-Träger aufgesetzte »Agena«-Stufe in den Orbit gebracht wurde. SAINT inspizierte das Ziel aus einem Parallelorbit und zerstörte es notfalls mit einer nicht näher bezeichneten Interzeptorwaffe. Diese ko-orbitale, unerprobte Technik wurde aber nach drei Jahren zugunsten eines neuen Programms fallengelassen. Dieses wurde 1964 einsatzreif und basierte auf dem NIKE-Zeuss ABM-Flugkörper. Mit einem 1 MT-Atomgefechtskopf und durch Bodenradar zielgeführt, mußte dieses Waffensystem nicht durch viele orbitale Manöver an den Zielsatelliten herangeführt werden, es wurde vielmehr direkt in dessen Flugbahn hineingeschossen.
Das »NIKE«-Zeus-System wies wesentli-

Bild oben:
Der dritte Teststart im USAF-ASat-Programm erfolgte am 13. September 1985 über dem westlichen Testgelände vor der kalifornischen Küste. Als Trägerflugzeug diente eine modifizierte, vom Direktor der kombinierten ASat-Testgruppe geflogene McDonnell Douglas F-15A Eagle. Der P78-1 Gammastrahlenspektrometersatellit der amerikanischen Forschungsbehörde für künftige Verteidigungsprojekte diente dabei als Zielobjekt. Der Versuch verlief sehr erfolgreich.

che Mängel auf, seine Gipfelhöhe war bei rund 550 km begrenzt. Daher wurde es durch das Programm 437 abgelöst. Dieses benutzte eine »Thor«-(Mittelstrecken) Trägerrakete, um einen Atomgefechtskopf auf 1.300 km Höhe zu bringen, der mit einem 9 km großen letalen Zielradius detoniert. Bei Versuchen ohne scharfen Gefechtskopf wurde eine Zielablage von nur 1,6 km gemessen. Nach drei (von vier geplanten) erfolgreichen Tests erklärte man das System 1964 für einsatzreif. Zwei Flugkörper blieben auf der pazifischen Johnston-Insel ständig einsatzbereit. Zusätzliche Reservesysteme und Ersatzkomponenten wurden auf der Vandenberg AFB an der kalifornischen Küste bereitgehalten.

Trotz technischer und finanzieller Probleme blieb das Systemprogramm 437 offiziell bis 1975 im Einsatz.

Das laufende ASat-Programm begann 1977, es soll ab 1988 einsatzbereit sein. Das System besteht aus einem zweistufigen Flugkörper mit aufgesetztem Kleinzielsuchgerät (MHV — Miniature Homing Vehicle), das von einer umgebauten F-15 auf dem Gipfel ihrer Steigflugbahn abgefeuert wird.

Die erste Stufe des ASat-Flugkörpers besteht aus dem baugleichen Raketenmotor SRAM (Short-Range Attack Missile = Kurzstreckenangriffs-FK von Boeing für strategische SAC-Bomber). Die zweite Stufe bildet eine Thiokol »Altair 3« Feststoffrakete, oft als vierte Stufe

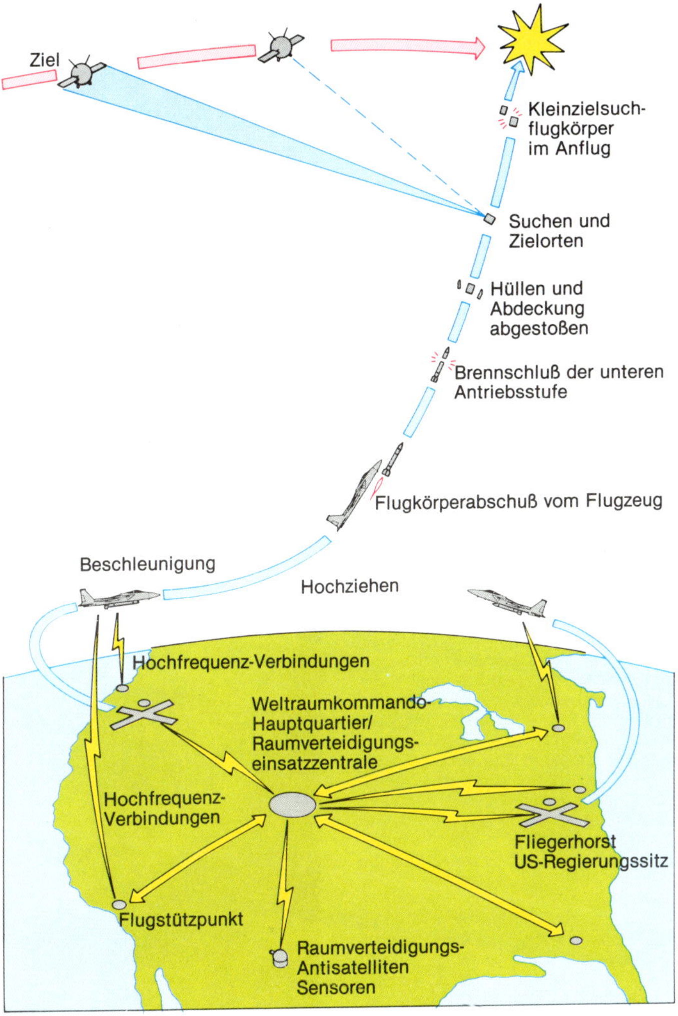

Bild oben:
Das ASat-Konzept für Abfangmissionen zeigt, wie das SPADOC (Raumverteidigungskommandozentrale) in den Cheyenne-Bergen den Einsatz zweier F-15 ASat-Abfangstaffeln führt und koordiniert. Nach dem Start von der Me Chord AFB (Westküste) bzw. Langley AFB (Ostküste) erreichen die F-15 Jäger mit hoher Geschwindigkeit das ASat-Flugkörperstartgebiet, ziehen steil hoch zum Gipfelpunkt, feuern den ASat-Flugkörper ab, dessen MHV nach Abtrennen der Bugverkleidung und ersten Stufe die Zielsuche- und -verfolgung übernimmt und dann in der Zielfugbahn detoniert. Ziele sind sowjetische Aufklärungs- und Ortungssatelliten in niedrigen Orbits, die noch vor den Frühwarn- und Navigationssatelliten als ernsteste Bedrohung der USA angesehen werden.

---

des »Scout«-FK benutzt. Das MHV sitzt auf der Flugkörperspitze, durch seine Halterung wird es auf 20 U/Sek-Rotation gebracht. Das ganze ASat-FK-System ist bei einem Durchmesser von 50,8 cm 5,40 m lang und wiegt etwa 1.180 kg.

Das MHV ist ein zylindrisches Gerät von 30,5 cm Durchmesser und 33 cm Länge. Sein Führungssystem besteht aus acht IR-Teleskopen zum Auffassen des Satellitenziels, deren Parameter unmittelbar in den Bordcomputer eingegeben werden, der zugleich die MHV-Eigengeschwindigkeits- und Positionsdaten aus einem Bordlaserkreisel mitkoppelt. 56 kleine, peripher angeordnete und vom Bordcomputer gesteuerte »Ein-Schuß«-Raketenmotoren stellen die Manövrierfähigkeit des MHV sicher und »schubsen« es auf den richtigen Abfangkurs. Ohne Gefechtskopf soll es das Ziel durch Rammen beschädigen oder zerstören. Die Aufprallwucht von 13 km/Sek entspricht der Wirkung einer 40,6 cm Granate.

F-15 ASat-Basen

Die beiden F-15 (ASat)-Staffeln sind auf der Langley AFB, Virginia und McChord AFB, Washington, stationiert. Die Standorte wurden aufgrund der Orbitneigung sowjetischer Satelliten und gefährdungsfreiem Niedergehen von ASat/FK-Teilen über See ausgewählt. Der Flugzeugeinsatz als Trägermittel anstelle bodengestützter Flugkörper macht das ASat-System wesentlich flexibler, damit auch weniger gefährdet durch gegnerische Angriffe, weil Flugzeuge schnell verlegbar und mobil sind und viel mehr Startmöglichkeiten als ein fest installiertes System bieten.

Satellitenabfangeinsätze werden durch das SPADOC in den Cheyenne-Bergen geführt und koordiniert, das auch die Zielsatelliten priorisiert und anhand von Bahnverfolgungsdaten des »Space-Track«- und anderer Sensorsysteme die optimalen Abfangmöglichkeiten errechnet.

Das von vier Regionaleinsatzleitstellen aktualisierte, bestgeeignete Flugprofil einer Asat-Abfangmission wird über HF-Datenverbindungen zur Korrektur der F-15 Bordcomputerdaten vor Erreichen des Abschußpunkts übermittelt, danach

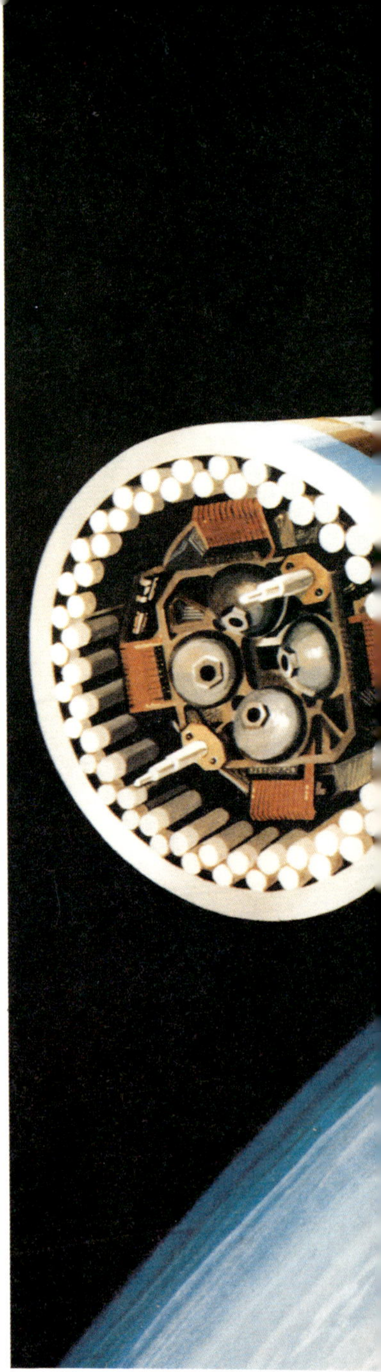

Ideenskizze des USAF MHV (Miniature Homing Vehicle) — hier in der Endanflugphase eines Angriffs auf einen Zielsatelliten nach erfolgreichem Start am 13. September 1985. Das 33 cm lange MHV mit 30,5 cm Durchmesser (0) zerstört das Ziel ohne Sprengladung durch Direktrammen mit hoher kinetischer Energie, die einer 15,2 cm Granate entspricht. Die Zielendansteuerung besorgen 56 kleine computergesteuerte »Ein-Schuß«-Raketenmotoren.

der ASat-Flugkörper abgefeuert. Wie verlautet, können so Satelliten bis in Orbithöhe um 1.000 km abgefangen werden.

In den 60er Jahren demonstrierte die Sowjetunion einige zum Satellitenabfangen geeignete Techniken, z.B. das Heranmanövrieren von Satelliten und die dazu notwendigen Orbit-Rendezvous-Verfahren. Der erste erfolgreiche sowjetische ASat-Test fand jedoch erst am 19. Oktober 1968 mit »Kosmos 248« mit einem Perigäum von 475 km und einem Apogäum von 542 km statt. Tags darauf wurde »Kosmos 249« in die Umlaufbahn mit einem Perigäum von 502 km und Apogäum von 1.639 km gebracht. Damit befanden sich beide Satelliten auf gleicher Orbitebene. Innerhalb der wenigen Stunden des Startvorgangs von »Kosmos 249« kam es bei hoher Geschwindigkeit zur sehr Apogäum-nahen Begegnung auf der »Kosmos 248«-Umlaufbahn. Unmittelbar danach explodierte »Kosmos 249«. Am 1. November 1968 wurde »Kosmos 252« mit gleichem Umlaufverhalten wie »Kosmos 249« in den Orbit des Zielsatelliten »Kosmos 248« gestartet.

Während der folgenden zwei Jahre wurden keine weiteren sowjetischen ASat-Versuche beobachtet. Erst mit »Kosmos 373« als Ziel- und »Kosmos 374 und 375« als »Killer« (Interzeptor)-Satelliten begann wieder eine ähnliche Testserie.

Die drei sowjetischen Folgetests erfolgten nach weitgehend ähnlichen Verfahren, außer daß nur die »Killer«-Satelliten vom Raumfahrtzentrum Tyuratam, die Zielsatelliten hingegen von der Plesetsk-Basis aus gestartet wurden. Weitere Abfangtesteinsätze fanden in Höhen von 230 bis 1.005 km statt.

Von Ende 1971 bis Anfang 1976 trat, abgesehen von einigen mißlungenen Tests, wiederum eine Versuchspause ein, der neun Testmissionen von Februar 1976 bis Mai 1978 folgten. Nach erneutem zweijährigen Teststop während der amerikanischen-sowjetischen ASat-Verhandlungen führten die Sowjets nach deren Abbruch seit 1980 vier weitere Versuche durch, ehe sie im August 1983 ein einseitiges ASat-Moratori-

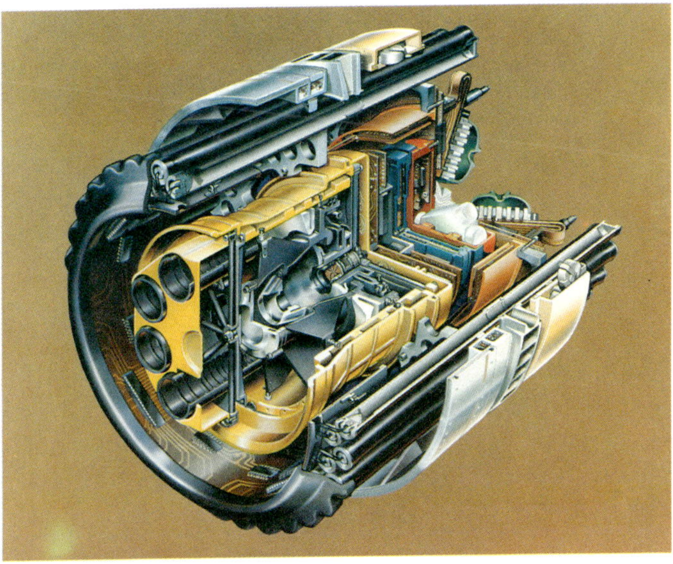

Bild oben:
Die Schnittzeichnung des USAF-ASat MHV (Miniature Homing Vehicle) zeigt am Vorderteil vier der acht IR-Teleskope in der gelben Hülle des Innenteils. Sie erfassen und verfolgen das Ziel und geben die Zieldaten in den unmittelbar dahinter angeordneten Bordcomputer ein. Rings um die Außenwand sind 56 »Ein-Schuß«-Raketenmotoren, als lange parallele Rohre sichtbar, angebracht. Die Bordavionik besteht weitgehend aus Leiterplatten mit aufgedruckten Schaltkreisen.

Bild links:
Diese Schnittzeichnung zeigt den gesamten 5,40 m langen und 1.180 kg schweren ASat-FK mit 50,8 cm Durchmesser. Im Kopfende (rechts) sitzt das MHV, an das sich die beiden Raketenmotorenstufen anschließen. Die zweite Stufe ist ein Thiokol »Altair 3« Feststoffmotor aus dem »Scout«-Flugkörperprogramm, die erste Stufe (links) ist mit dem Antriebsaggregat des SRAM (Short-Range Attack Missile) von Boeing identisch. Überhaupt nutzt das ASat-FK-Programm weitgehend schon anderweitig erfolgreich bewährte, störungsfrei arbeitende und kostengünstige Systemkomponenten.

um erklärten und bis Ende 1985 auf weitere Tests verzichteten.
Die Sowjets verwendeten SS-N-9 Trägerraketen zum Verbringen des ASat-Waffensystems in Umlaufbahnen, das angeblich 4,5 bis 6 m lang und bei einem Durchmesser von 1,5 m rund 2.500 kg schwer sein soll. Es ist entweder mit wirksameren Aktivradar- oder Passiv-IR/Optronik-Sensoren ausgerüstet.
Zwei spezielle Abfangmissionsarten wurden beobachtet: Das normale Verfahren setzt den »Killer« in einen Orbit, von dem aus der des Zielsatelliten »abgegrast« wird. Dazu ist die »Killer«-Startzeit so angesetzt, daß sich beide Satelliten innerhalb eines oder zweier Umläufe stark annähern. Der »Killer« benutzt Schubmotoren zur Zielannäherung und schleudert durch seine Explosion eine »Schrotschuß«-Splitterwolke gegen das Ziel, das dadurch mindestens beschädigt, wenn nicht völlig zerstört wird. Vom Start bis zum Abfangen können bei dieser Technik mehrere Stunden vergehen, die der Zielsatellit zu Ausweichmanövern nutzen kann. Eine Variante dieses Verfahrens verkürzt den Vorgang dramatisch. Der in niedrigem »Park«-Orbit umlaufende »Killer« unterfliegt so das Ziel.
Die niedrigere »Killer«-Umlaufbahn erlaubt sehr viel kürzere Abfangreaktionszeiten und minimiert die Chancen des Zielsatelliten, noch auszuweichen. Am vorberechneten Treffpunkt zündet der »Killer« seine Manöverraketenmotoren, steigt rasch zum Zielorbit auf und folgt dann dem beschriebenen Zielanflug- und Zerstörungsverfahren. Damit wird die Intervallzeit zwischen Start und Abfangen und die dem Zielsatelliten bleibende Reaktionszeit auf etwa 30 Minuten verkürzt.

ASat-Missionen

Solche ko-orbitalen ASat-Waffensysteme sollen seit 1971 einsatzbereit sein. Nach USAF-Meinung waren bis 1981 weitere Tests dann erfolgreich, wenn der »Killer«-Satellit mindestens bis auf 1.000 m an das Ziel herangeführt wurde.

Sowjetische Abfangtechniken und -verfahren unter Verwendung von SS-N-9 Trägerraketen sind den amerikanischen um Jahre voraus, auch wenn sie noch Stunden dauerten. Mit der neuen Direktflugmethode verkürzt sich dieser Zeitraum auf weniger als ein Stunde. Die Skizze zeigt einen sich von links nähernden »Killer«-Satelliten bei der Explosion, die einem »Schrotschuß« ähnlich eine zerstörerische Splitterwolke gegen den Zielsatelliten (rechts oben) schleudert.

Nach 1981 gelten Zielannäherungen von 8 km als erfolgreich. Nicht bekannt ist, ob dieser Meinungsänderung ein verbesserter Abfangmechanismus oder eine Neubewertung von Daten und Fakten zugrundeliegt. Generell bewies dieses ASat-System eine etwa 50%ige Erfolgsrate.

Tests mit Radarsensoren hatten eine Erfolgsrate von 64%, Versuche mit IR/Optronik-Sensoren sollen alle fehlgeschlagen sein.

Alle Abfangtests fanden in Orbithöhen unterhalb 2.000 km statt, obwohl die Amerikaner annehmen, daß sie ebenso gut bis 5.000 km Höhe möglich wären. Auch wird vermutet, daß von der Tyuratam-Basis aus täglich mehrere »Killer«-Satelliten gestartet werden können.

Außer dem ko-orbitalen ASat-System dürften auch rund um Moskau stationierte »Galosh«-ABM-Flugkörper mit nuklearen Gefechtsköpfen Satelliten in niedrigen Umlaufbahnen angreifen können.

Wie erwähnt beruhen diese Abfangsysteme auf physischer Zerstörung des Ziels, sie besitzen jedoch zugleich ein großes ECM-Bedrohungspotential gegen alle Satelliten. Ein Gegner kann damit versuchen, Datenübertragungswege zwischen Satelliten und Bodenkommandostellen zu zerstören oder aus ihrer Flugbahn und so zum Absturz zu bringen. Ferner eignen sich starke Bodenlaser zur »Beleuchtung« von Zielsatelliten. Damit wurden bereits mehrfach US-Satelliten zeitweilig »geblendet«. Sobald höhere Laser-Energien verfügbar sind, werden Bodenlaser Raumflugkörper durch Überhitzen oder auch physisch zerstören können. In Sary Shagan haben die Sowjets bereits zwei sehr leistungsstarke Bodenlaser installiert, denen, wenngleich noch im Versuchsstadium, ASat-Fähigkeiten zugetraut werden.

Weitere ASat-Möglichkeiten bietet der Einbau starker Laser in hochfliegende Flugzeuge. Damit werden atmosphärische Störungen durch die Erdumlaufhülle vermindert oder vermieden. Die derzeit dafür erreichbare Energie ist jedoch noch zu gering.

Das eigentliche Anwendungsfeld für Laserwaffen ist der Weltraum, wo atmosphärische Störungen, Ablenkungen oder Engergieverluste durch die Lufthülle der Erde die Wirkung von Laserstrahlen weder behindern noch mindern. Verschiedenen Berichten zufolge arbeiten die Sowjets längst an Satelliten-gestützten Laserwaffen gegen andere Raumflugkörper. Auch in den USA laufen ähnliche Durchführbarkeitsstudien. Man nimmt an, daß die UdSSR ab 1990 Laserwaffen in ASat-Satelliten wird stationieren können.

Eine weniger exotische ASat-Waffe ist die Raum-Mine. Diesem Konzept zufolge werden Satelliten mit herkömmlichen Sprengköpfen ausgerüstet, im zielnahen Orbit »geparkt« und bei Konfliktausbruch durch Bodenfunkkommandos zur Explosion gebracht.

Nuklearexplosionen im Weltraum wurden schon früher als wirksame ASat-

Bild oben:
Das sowjetische ASat-Operationszentrum Tyuratam. Vorn sieht man einen »Killer«-Satelliten auf der Spitze einer SS-N-9 Trägerrakete startbereit auf der Abschußrampe. Weitere ASat-»Killer« werden auf Transport/Aufrichtwagen aus dem FK-Depot im Hintergrund herangefahren. Unter Einsatzbedingungen können täglich mehrere solcher ASat-Waffen gestartet werden. Auch die um Moskau installierten »Galosh«-ABM-Waffensysteme mit Atomgefechtskopf haben begrenzte ASat-Fähigkeit.

Bild rechts:
Das sowjetische Forschungs- und Versuchszentrum Sary Sharan während eines Bodenlaserversuchs. Dort wurden bislang zwei solcher großen Anlagen erkannt, denen man begrenzte ASat-Kapazität sowie auch Eignung zur Elektronischen Kampfführung, d.h. zum Stören von Satellitensensoren und Datenübertragungswegen zuspricht. Mit der Verfügbarkeit größerer Laserenergien wird es möglich, Raumziele durch Überhitzung (intensive Bestrahlung) oder physische Zerstörung auszuschalten. Die Sowjets wenden enorme Summen und Ressourcen für diese und andere militärischen Raumfahrtprogramme auf.

Technik vorgeschlagen, den ersten amerikanischen ASat's und sowjetischen »Galosh« ABM-Flugkörpern mit Atomgefechtskopf vergleichbar. Auch ballistische ICBM- und SLBM-Flugkörper oder Raumminen können für solche Raumoperationen modifiziert werden.

Nuklear bewaffnete ASat's können auf mehrfache Weise wirken. Feuerball und Radioaktivität zerstören Satelliten in naher Entfernung vom Explosionsort. Zudem eignet sich der von Atomexplosionen ausgehende Elektromagnetische Impuls (NEMP) zur Ausschaltung elektronischer Einrichtungen und Unterbrechung von Funkverbindungen und Datenübertragungswegen über -zigtausende von Meilen Entfernung. Folglich müssen beide Gegner deren Einsatz genau abwägen, da diese Waffenwirkung Satelliten beider Konfliktparteien in Mitleidenschaft zieht.

Ein weiteres Mittel zum Außergefechtsetzen von Satelliten ist die Zerstörung ihrer Bodenanlagen. Dies kann durch Sabotage, konventionelle Waffen oder Atomangriffe, aber auch durch deren, in großer Höhe ausgelöste NEMP-Wirkung erfolgen.

Diese potentiellen Bedrohungen führten dazu, künftige Satellitensysteme mit Einrichtungen für Gegenmaßnahmen aus- und derzeitige Systeme entsprechend nachzurüsten. Sonnenzellensegel und elektronische Systeme heutiger Entwicklung werden bereits weitgehend gegen N/EMP »gehärtet«, d.h. widerstandsfähiger gegen Einwirkung von Atomexplosionen gemacht. Datenübertragungswege und Funkkommandoverbindungen werden zudem zur Verhinderung von Abhören oder Stören verschlüsselt, Frequenzen und Sendemodi häufig gewechselt, um Maßnahmen gegnerischer Elektronischer Kampfführung (ECM/ECCM) und die Wirkung atomarer Explosionen zu vermindern, abzuwehren oder ganz zu eliminieren. Härtung gegen Laserstrahlen und Verbesserung der Manövrierfähigkeit für Ausweich- oder Fluchtverfahren vor Abfangangriffen gehören schon heute vielfach zur Satelliten-Standardausrüstung. Neueste »Stealth« (»Tarnung« durch reduzierte Radar-, IR- und/oder Lasersensoren- bzw. Flugzeug/Flugkörpersignatur)-Technologien finden bereits im Satellitenbau Anwendung. Es gilt, gegnerischer Sensorenentdeckung durch geringstmögliche »Angriffsfläche« (Signa-

tur der Sensorreflexion) zu entkommen, selbst schwerer entdeck- und erkennbar zu werden. Trotz und wegen aller gegenwärtigen und künftigen, fortgeschrittenen Gegenmittel- und Maßnahmen zur Verbesserung der Überlebensfähigkeit von Raumkörpern werden sich in einem künftigen Konflikt Verluste durch gegnerische Waffenwirkung kaum vermelden lassen. Man »parkt« daher Reserve- oder »schlafende« Raumkörper, um entstehenden Raumsystemlücken schnell und wirksam schließen zu können.

Erhöhte Überlebensfähigkeit

Mobilität erhöht die Überlebensfähigkeit von Bodeneinrichtungen. Aber auch die »Verselbständigung« des Satelliten gegenüber Erdstationen wird ständig verbessert, um unabhängig Flugbahnunregelmäßigkeiten korrigieren zu können.
Künftig wird man in Satelliten zusätzlich aggressivere Überlebensausrüstung, wie Abwehrlaser oder selbstzielsuchende Projektile zur Selbstverteidigung gegen »Killer«-Raumflugkörper einbauen. Die Integration solcher Abwehrmittel in die Satellitenauslegung läßt darauf schließen, daß ASat-, Interzeptor- und Laserwaffen eine reale Gefahr darstellen. Weniger überrascht deshalb, daß beide Supermächte große Forschungsanstrengungen zur Entwicklung von Hochtechnologie-Raumwaffen unternehmen, die sich gleichzeitig zu ASat-Einsatz und zur Abwehr gegen ballistische Flugkörper eignen.

ASat-Waffen zwingen Konstrukteure, moderne Satelliten ebenso leichtgewichtig wie widerstandsfähig zu bauen. Im Bild der »Ground Zero« (Bodennullpunkt)-Krater nach dem unterirdischen »Huron King«-Atomtest zur Feststellung der Verwundbarkeit amerikanischer Satelliten.

Abwehr ballistischer Flugkörper

Die Abwehrkonzeption gegen ballistische Flugkörper ist so neu nicht. Bereits in den frühen 70er Jahren stationierten die USA und UdSSR nuklear bewaffnete ABM-Flugkörpersysteme, die durch starke Bodenradaranlagen gelenkt wurden. Zum amerikanischen »Safeguard«-System gehörten »Sprint« und »Spartan«-Abfangflugkörper zum Schutz der in Norddakota installierten ICBM-Abschußsilos. Die Sowjets konzentrierten das »Galosh«-ABM-System rund um Moskau.
Zweifelhaft blieb die Wirksamkeit dieser Abwehrsysteme vor allem wegen der Notwendigkeit, in einem atomaren Umfeld Radar und Funkübertragungswege benutzen zu müssen. Das US-System wurde deshalb 1976 wieder außer Dienst gestellt, während das sowjetische — ständig modernisiert — weiterhin einsatzbereit ist.

Erste Fortschritte

Die Forschungen zur Abwehr ballistischer Flugkörper (BMD — Ballistic Missile Defence) und Entwicklung verbesserter Technologien liefen unabhängig davon weiter. Ende der 70er, Anfang der 80er Jahre erzielten beide Seiten Fortschritte. Experten meinten, daß nun nicht nur Probleme mit den »Safeguard«- und »Galosh«-Systemen zu lösen wären, sondern sich neue Möglichkeiten zum Bau weit umfassenderer Waffensysteme eröffneten.
Im Westen erreichte dieser Trend im März 1983 einen Höhepunkt, als US-Präsident Ronald Reagan in einer bedeutenden Rede alle US-Wissenschaftler aufrief, Mittel und Möglichkeiten zu schaffen, nukleare Waffen unnütz zu machen. »Was wäre«, fragte er die amerikanische Nation, »wenn die Menschen der freien Welt im sicheren Bewußtsein lebten, daß wir ballistische strategische Flugkörper abfangen und zerstören können, ehe sie unser eigenes und unserer Verbündeten Territorium erreichen?«
Unmittelbar danach reorganisierten die Amerikaner ihr BMD-Forschungsprogramm nach den Vorgaben der »Strategic Defense Initiative« (SDI) — oft als »Krieg der Sterne« apostrophiert. Gegenüber dem vorherigen BMD-Budget wurden die SDI-Haushaltsmittel verdoppelt und in den Jahren 1985/89 auf 26 Milliarden US-Dollar erhöht.
Natürlich gab die Sowjetunion keinerlei Einzelheiten ihres BMD-Programms preis, obwohl sie ähnlich gigantische Anstregnungen, vielleicht noch größere als die USA, unternimmt.
Das SDI-Programm soll nicht etwa BMD-Waffen entwickeln, als technische Konzeption jedoch alle Bereiche BMD-geeigneter Technologien und ihre Anwendungsmöglichkeiten untersuchen. Gegen Ende dieses Jahrzehnts sollten die dadurch gewonnenen Erkenntnisse

Bild links:
Als Teil des »Safeguard« BMD-Systems wurde die große Radaranlage der US-Armee bei Grand Forks, Norddakota, im April 1975 für einsatzbereit erklärt, jedoch schon wenige Monate später wieder geschlossen. Die »Spartan«-FK waren hier zusammen mit Radar installiert, die vier »Sprint«-FK Abschußstellungen jedoch 25 km entfernt.

Bild oben:
Das US-»Safeguard«-ABM-System wurde Ende der 60er Jahre entwickelt und in den 70er Jahren fortgeführt. Seine Hauptkomponenten waren die »Sprint«- und »Spartan«-Flugkörper. Der erste »Sprint«-Doppelabschuß vom Versuchszentrum auf dem pazifischen Kwajalein-Atoll gegen den Gefechtskopf (Wiedereintrittskörper) einer 6.760 km entfernt gestarteten ICBM. Der Versuchserfolg war durchschlagend (Bild).

ausreichen, die vielversprechendsten Technologien zu eruieren und mit der BMD-Waffenentwicklung zu beginnen — sofern sie dann technisch machbar und politisch noch wünschbar ist.

Die SDI-Forschungsprojekte gruppieren sich um fünf Hauptkategorien: Angriffsüberwachung, Direktenergie- und Kinetikenergiewaffen, Systemanalysen und Unterstützungsprogramme.

Angriffsüberwachung

Wichtigste Voraussetzung für die Abwehr ballistischer Flugkörperangriffe ist ihre rechtzeitige Entdeckung, Verfolgung und die Fähigkeit, geeignete Abwehrmittel schnell, präzise und wirksam genug ins bedrohende Ziel zu bringen. Ebenso wichtig ist es, den Abwehrerfolg oder Mißerfolg zu kontrollieren, um ggf. zusätzliche Verteidigungsmaßnahmen treffen zu können. Die technische Pflichtbeschreibung für diese Missionen umfaßt somit: Überwachung, Zielortung und -verfolgung und seine Zerstörung (SATKA — Surveillance, Acquisition, Tracking and Kill Assessment). Deshalb sind Untersuchungen möglicher SATKA-Technologien und -konzepte mit die vorrangigsten SDI-Elemente. Jede Flugbahnphase eines ballistischen Flugkörperangriffs führt dabei zu speziellen SATKA-Techniken, wenngleich manche von ihnen für mehrere oder alle Phasen anwendbar scheinen. SATKA-Systeme für die Flugkörper-Start- und Antriebsphase erfordern z.B. die Überwachung und Verfolgung tau-

Bild unten
Alle BMD-Systeme müssen sich auf ein Mehrebenen-Raumverteidigungssystem stützen. Jede dieser Ebenen muß auf die besonderen Charakteristika der einzelnen Flugbahnphasen zugeschnitten sein. Diese Phasen sind: Startantriebsphase bis Raketenbrennschluß, Startfolgephase, mittlere Flugbahnphase und Zielanflugphase. Für jede Phase braucht es eine spezielle SATKA-Form (Surveillance, Acquisition, Tracking and Kill Assessment). Die besten Abwehrphasen sind Start- und Folgephase, bei denen sich noch alle Mehrfachgefechtsköpfe im ballistischen Flugkörperkopf befinden. Wegen enorm großer Reaktionsgeschwindigkeiten sind diese Anfangsflugphasen allerdings in der Bekämpfung die schwierigsten. (Bildlegende: Start/Startfolgephasen dauern 10 Minuten, der exoatmosphärische Flugbahnteil 30 Minuten, Abtrennung des Gefechtskopfbusses und Verteilung der Wiedereintritts- und Täuschkörper (Eindringhilfen) zum autonomen Zielanflug anfangs der mittleren Flugbahn, Beginn der MIRV-Endanflugphase und letzte Abfangphase, vor dem Zielpunkt am Beginn der oberen Endatmosphären-Flugbahn).

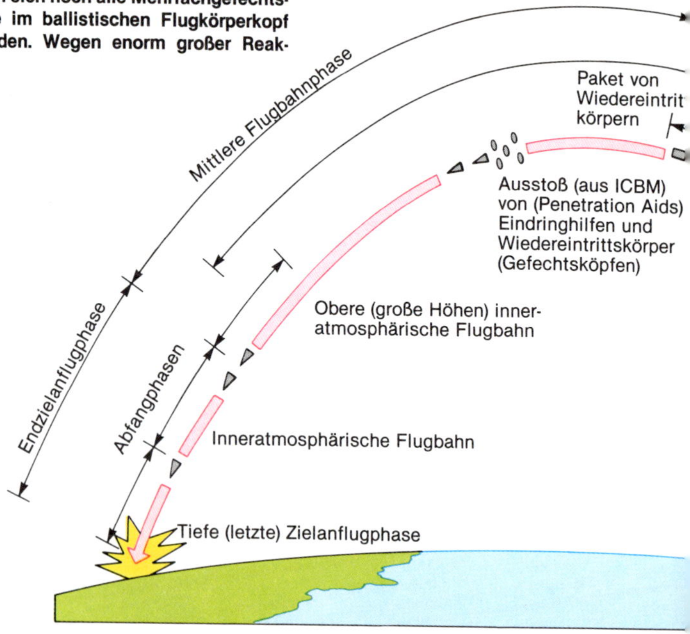

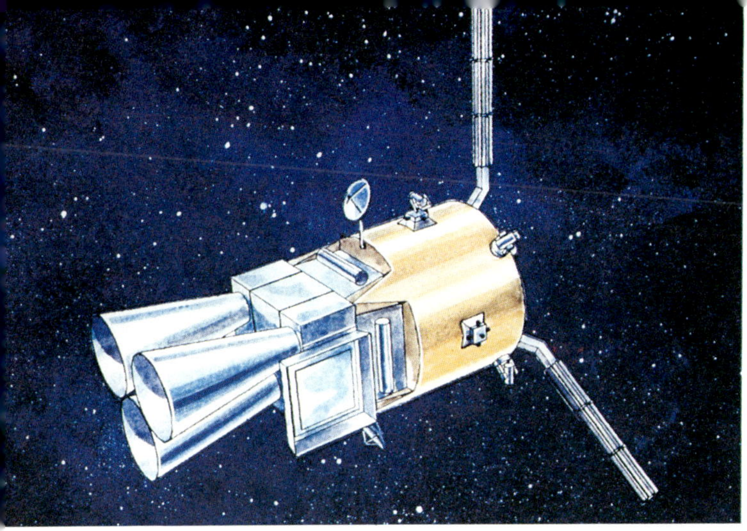

sender sowjetischer ICBM-Stellungen an Land und SLBM-Ubootpositionen in den Weiten aller Weltmeere. Ihnen ist vorrangige Aufmerksamkeit zu widmen, weil diese Phasen nur wenige Minuten dauern. Denn mit Erreichen des Flugbahngipfels beginnt der ballistische Angriffsflugkörper bereits, seine dann autonomen Mehrfachatomspreng- und Täuschköpfe (MIRV — Multiple Independent Re-entry Vehicle) abzustoßen und auf mehrere Ziele zu verteilen. Dadurch wird die Zahl zu verfolgender Zielobjekte mehr als verzehnfacht.

Ein wesentliches SDI-Programm ist die BSTS-Entwicklung (Boost Surveillance and Tracking System). Die FK-Startentdeckung ist schon relativ weit entwickelt, weniger dagegen die FK-Verfolgung in der Antriebsphase. Das BSTS-Programm beruht auf vorhandenen Programmen zur Anwendungsuntersuchung gebündelter Mosaik-Brennpunktverfahren, fortschrittlicher Optiken und gesteigerter Datenverarbeitungskapazitäten zur direkten Übermittlung der Angriffsbewertung an den Nutzer ohne sonst notwendige und zeitverzögernde Zwischenprozessoren am Boden.

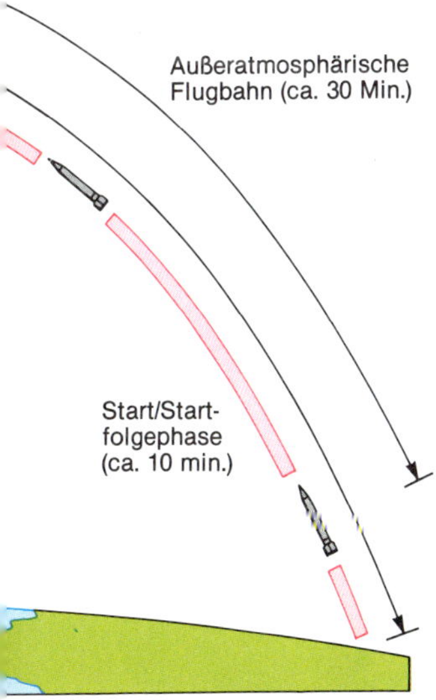

Startentdeckung

Starts ballistischer Angriffsflugkörper schnell zu entdecken, ist eine der entscheidenden SDI-Technologien. Die Forderungen an solch ein Überwachungssystem für die (angetriebene) Startphase können bereits weitgehend durch verbesserte Frühwarnsatelliten erfüllt werden. Jedoch sind zusätzliche Systeme erforderlich, weil Frühwarn-IR-Sensoren lediglich den heißen Abgasstrahl der ersten Flugkörperantriebsstufen und nicht den Flugkörper selbst auffassen. IR-Sensoren taugen wohl zur Starterstentdeckung, für die genaue FK-Verfolgung und Waffenzielführung werden jedoch Laserradare wirkungsvoller sein.
Noch vor dem Beginn des SDI-Programms wurde an verbesserten Start-

überwachungsverfahren und -techniken durch Leistungssteigerung der Satellitensensoren- und Borddatenverarbeitungskapazität gearbeitet, um die Angriffsbeurteilungsinformation direkt zum Nutzer — ohne zeitraubenden Umweg über Bodenrechenanlagen — zu übertragen.

Das BSTS (Boost Surveillance and Tracking System)-Schlüsselprogramm für verbesserte Startphasenüberwachungs-Technologien stützt sich auf schon vorher vorhandene Programme zur Untersuchung gebündelter Mosaik-Brennpunktverfahren neuester Optiken und Datenverarbeitungsanlagen. BSTS ist auf kurz- und langfristige Zielsetzungen angelegt: Kurzfristig zur Leistungssteigerung der DSP-Frühwarnsatelliten, langfristig zugleich auf neue Technologien der Startphasenüberwachung und Abfangzwecke. Eines der in BSTS integrierten Teilprogramme ist das HALO (High-Altitude Low Observable)-Projekt, aus dem bereits neue IR-Sensoren mit verbesserter Langwellenempfindlichkeit, neue kryogene und Leichtbauoptik-Geräte hervorgingen.

Startfolgephasen-FK-Verfolgung

Die FK-Verfolgung während der Startfolge- und mittleren Flugbahnphasen schafft völlig verschiedene Problempakete. Die zu verfolgende Objektzahl kann 100.000 überschreiten. Dabei muß der Sensor genau zwischen unzähligen Satellitentrümmern im Raum, tatsächlichen Gefechtsköpfen (Wiedereintrittskörpern) und vielfältigen, das Durchdringen der Abwehr unterstützenden Täusch- und Scheingefechtskörpern, Düppel- und Aerosoltarnwolken unterscheiden können. Außerdem sind die Wiedereintritts- und Täuschkörper wesentlich kleiner als der Flugkörper selbst. Sie müssen ferner als »kalte« Zielobjekte in der dunklen Tiefe des Weltraums gegenüber »heißen« Zielen vor dem Erdhintergrund erkannt und verfolgt werden.

Dies macht deutlich, wie unerhört

schwierig SATKA in der dem Start folgenden und mittleren Flugbahnphase ist.
Dennoch versprechen weitere Studien an aktiven und passiven Langwellen-IR- und Restlichtverstärkersensoren Erfolg. Feldgruppen-Mikrowellenradare, Ultraviolett-Laserradare, optronische Teleskope und neuartige IR-Detektoren werden daraufhin untersucht, ob sie typenabhängig im All, in Flugzeugen oder am Boden stationiert werden können. Andere, besonders gut zur Zielunterscheidung geeignete Ortungstechniken, wie Laser oder Partikelstrahlen, eröffnen künftige Abwehrmöglichkeiten, sobald sie zur Feststellung von objekttypischen Temperatur- und Geschwindigkeitsänderungen leistungsstark genug verfügbar sind.
Viele SSTS (Space Surveillance and Tracking System)-Technologien werden in laufende Studien für ein Sensorennetz zur Überwachung ballistischer Flugkörper in der mittleren Flugbahnphase sowie von Satelliten einbezogen.

Bild oben:
Ein Forschungsbereich des SDI-Programms ist die Entwicklung in großen Orbithöhen stationierbarer Sensoren zur Startfolgephasen-Überwachung und -verfolgung. Eine weitere Facette ist ein Überwachungs-, Verfolgungs- und Unterscheidungssystem für Gefechtsköpfe, Täuschkörper und Raumtrümmer in der mittleren Flugbahnphase bei niedrigen Erdumläufen.

Bild links:
Entgegen Presseberichten begann das SDI-Programm nicht bei »Null«, sondern schließt viele bereits existierende Projekte ein, wie das HALO-Projekt (High-Altitude Low Observable). Hieraus entstanden neue kryogene Geräte, langwellenempfindlichere IR-Sensoren und Leichtbauoptroniken.

SSTS als unabhängiges SATKA-Ergebnis wird Daten von Startfolgephasensensoren übernehmen, Abfangsysteme für die mittlere Flugbahnphase unterstützen und alle Dateninformationen an Endphasensensoren weitergeben. Ferner soll das System widerstandsfähig gegen ASat-Angriffe, unempfindlich gegen elektronische Störmaßnahmen (ECM) und Strahlungsimpulse von Nuklearexplosionen (NEMP) sein. SSTS ist als Multisensoren-Satellitennetz gedacht, wenngleich seine endgültige Konfiguration von Ergebnissen weiterer Forschungsprojekte abhängt.

Fliegende optische Ergänzung

Ein anderes, sehr wichtiges Programm zur Entwicklung und Erprobung von SATKA-Technologien für die mittlere Flugbahnphase ist das AOA (Airborne Optical Adjunct)-Projekt, ein mit IR- und optronischen Sensoren, Datenverarbeitungs-, Navigations- und Kommunikationsgeräten ausgerüsteter Boeing 767 Airliner. In Höhen bis 20.000 m oberhalb der störenden Erdatmosphäre fliegend können im Oberdeck installierte Sensoren wie von einem Aussichtsturm aus nach Objekten im All suchen.

AOA übernimmt die Ortung von SSTS verfolgten und bis dahin unentdeckten Zielen und gibt deren Daten an die Endanflug-SATKA-Systeme weiter. Angenommen wird, daß 14 Kontrollstationen und eine Flotte von 40 AOA-Flugzeugen zur vollständigen Abdeckung des US-

Bild oben:
Sobald über die SDI-Fortsetzung entschieden ist, kann die entscheidende Aufgabe der Unterscheidung und Verfolgung von Gefechtsköpfen, zunächst als Teilprogramm mit einem fliegenden Sensorsystem, angegangen werden. Ein solches optisches System wird derzeit Windkanaltests zur Feststellung der Auswirkungen auf die Flugzeugflugleistungen unterzogen.

Bild links:
Modell einer für die US-Armee umgebauten Boeing 767 mit der Bezeichnung AOA (Airborne Optical Adjunct). Projektziel ist der Nachweis technischer Durchführbarkeit von fliegenden Sensoren zur Ortung, Verfolgung und Unterscheidung von Wiedereintrittskörpern bzw. Gefechtsköpfen ballistischen Flugkörpern und die Datenweitergabe an Bodenradare.

Territoriums ausreichen. Außer der Gewinnung zusätzlicher SATKA-Daten von mittleren Flugbahnphasen würde der vorgeschobene AOA-Einsatz auch die Startfolgephasenüberwachung ergänzen.
Aufmerksamkeit verdient zudem ein Vorschlag zum AOA-Einbau in unbemannte Langstreckenflugzeuge, Luftschiffe (Blimps und andere neue Leichter-als-Luft-Plattformen) oder solarkraftangetriebene Drohnen (RPV).

Endphasenüberwachung

Während der Wiedereintritts- oder Endanflugphase eines ballistischen Flugkörpers verringert sich das Zielunterscheidungsproblem, weil Raumtrümmer und leichtere Täuschkörper sich mit Erreichen oberer Luftschichten schneller erhitzen oder verlangsamen als Gefechtsköpfe. Die hierfür notwendigen SATKA-Aufgaben können durch viele Sensortypen wahrgenommen werden, fliegende IR- und Optroniksensoren und Bodenradare bleiben jedoch Hauptfavoriten für diesen Zweck. Verfolgungsdaten eines von solchen Sensoren erfaßten Zieles können an interzeptoreigene Sensoren übertragen werden. Forschungs- bzw. Industrieaufträge zur Entwicklung eines Feldgruppen-Terminal-Bilddarstellungradars (TIR — Terminal Imaging Radar) zur Ortung und Verfolgung in die höhere Erdatmosphäre eintauchender Gefechtsköpfe wurden Mitte 1985 erteilt.
Die Entwurfsphilosophie für SATKA-Systeme in der Abwehr ballistischer Flugkörper muß noch sicherstellen, daß sowohl im Systemverbund untereinander als auch eigenständig-unabhängiger Datentransfer gewährleistet bleibt, damit weder SATKA-Potential für eine bestimmte Phase verlorengeht, noch Frühentdeckungsfehler die Wirksamkeit anderer SATKA-Elemente infrage stellen.
Die SATKA-Systementwicklungen beruhen auf der Integration vieler spezifischer, aber nicht direkt für andere Phasen relevanter Technologien und Projekte. Eine davon ist das »Cobra Judy«-Radar auf einem Überwasserschiff, das in seiner Leistungskapazität jüngst modernisiert wurde. Der Vorteil schiffsgestützter Radare liegt in der Datengewinnung von der Wiedereintrittsphase eines Tests aus möglichst kurzer Entfernung. Daraus werden wertvolle Erkenntnisse für den Radarentwurf und -einsatz während der mittleren Flugbahn als auch der Endzielanflugsphase gewonnen.
Andere Projekte verfolgen Emissionscharakteristiken (Signaturen) potentieller Ziele vor ihrem normalen Hintergrund zur Gewinnung von Datengrundlagen für z.B. Hochleistungs-IR-Sensoren. Verschiedene Forschungsprogramme suchen nach neuen Kryokühlerentwick-

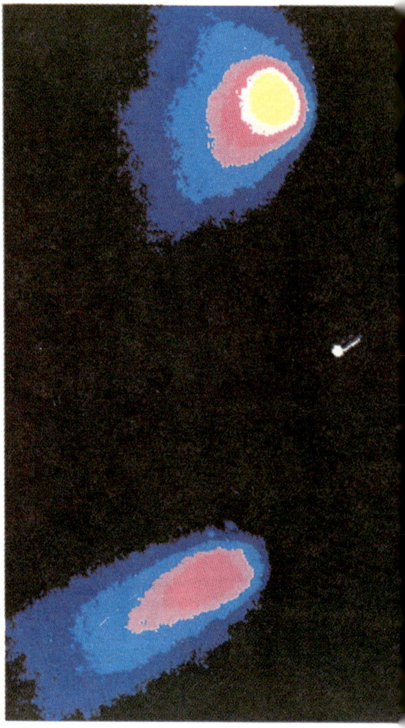

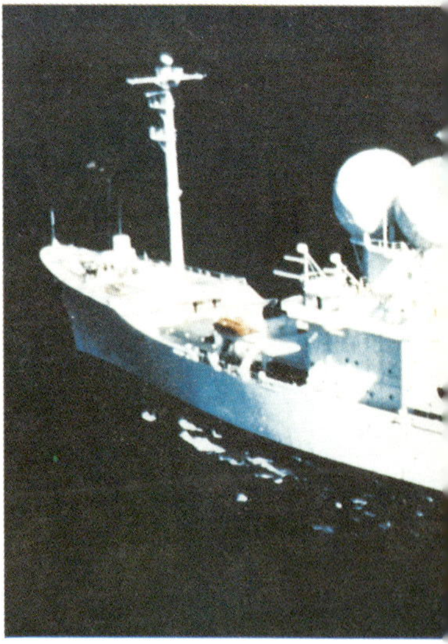

lungen, d.h. Tiefkühleinrichtungen zum IR-Sensorenbetrieb bei extrem niedrigen Einsatztemperaturen. Wieder andere Projekte zielen auf Fertigungsverfahren mit neuen, hochempfindlichen Materialien für Optroniksysteme wie z.B. große ultraleichte Spiegel.

Bild links:
Eine SDI-Studie untersucht Emissionscharakteristiken (Signaturen) potentieller Ziele. Oben sind zwei UV-Signaturen eines US-Flugkörpers mit gewaltiger, von der Atmosphäre komprimierter Feuer- und Rauchschleppe während der Startphase abgebildet, unten sieht man zwei IR-Signaturen eines, die dichtere Atmosphäre verlassenden Flugkörpers, dessen Feuerschweif sich im Raum immer weiter ausdehnt.

Bild unten:
Ein Teil des gesamten SDI-Programms schließt Optimierungen vorhandener Systeme ein, wie bei diesem Schiff, der USS Observation Island, mit einem verbesserten »Cobra Judy«-Radarsystem. Das SPQ-11 Radar im riesigen Drehturm auf dem Achterschiff dient der Datengewinnung von sowjetischen, strategisch-ballistischen Flugkörpertests. Vorteile des Radareinsatzes an Bord liegen in der größtmöglichen Nähe zum Testgebiet oder optimalen Überwachungsmöglichkeiten der Wiedereintrittsphase bei FK-Tests.

Richtenergiewaffen

Richtenergiewaffen (DEW — Directed Energy Weapon) weisen offenbar beträchtliches Bekämpfungspotential zum Abfangen ballistischer Flugkörper auf. Dabei handelt es sich entweder um zielzerstörende Hochleistungslaser- oder Partikelstrahlenwaffen. Für konkrete Anwendungs- und Wirkungsprognosen reicht der derzeitige Technologiestand auf diesen Gebieten noch nicht aus. Hingewiesen wird auf die große wissenschaftlich-technische Herausforderung, die vor dem Erreichen machbarer Richtenergiewaffen steht. Heutige DEW-Anlagen reichen zur Zerstörung ballistischer Flugkörper leistungsmäßig bei den gegebenen Entfernungen noch nicht aus. Strahlbündelungs- und Richtsysteme sind für einen Waffeneinsatz noch zu unvollkommen.

Genug ist jedoch über gangbare Technologiewege bekannt, um Richtenergie-Forschungsprogramme nach möglichen Basisrichtlinien zu kategorisieren. Demgemäß sind DEW-Projekte im SDI-Programm viergeteilt: Raum- und bodengestützte Laser-, raumstationierte Partikelstrahlen- und atomgetriebene Richtenergie-Konzepte.

Technologie-Überlappung

Nicht alle dieser gegenwärtig untersuchten Technologien sind bereits klar genug umrissen. Einige sind für verschiedene DEW-Konzepte relevant, andere überlappen sich mit SATKA-Technologien. Die heutige Forschungsprogrammstruktur schließt die Erwartung mehrerer noch aufkommender Technologievarianten, etwa für Boden-Partikelstrahlenwaffen als ernsthafte Möglichkeit keinesfalls aus, bleibt aber real abhängig vom Ergebnisfortschritt laufender Forschungsprojekte.

Eines der fortgeschrittensten Systeme für eine realisierbare Raumstationierung ist der chemische Laser, der aus der Reaktion zweier, als Lasermedium dienender Gase gespeist wird. Verschiedene Typen werden gegenwärtig untersucht. Die höchste Energieausbeute wurde bislang mit Wasserstoff bzw. Deuterium und Fluor erzielt.

ALPHA ist eines der gegenwärtig wichtigsten, in White Sands, Neumexiko, bearbeiteten Projekte mit dem chemischen Wasserstoff-Fluor-Laser, der mit einer Wellenlänge von 2.7 Mikron strahlt. Die Initialenergie dieses Systems soll bald zwei Megawatt, künftig mit mehreren Generatormodulen sogar 10 MW erreichen. Damit will man die

Eine weit fortgeschrittene, bereits verfügbare und offenbar für den Raumeinsatz als Teil eines SDI-Systems geeignete Technologie ist der chemische Laser.

Aus der chemischen Reaktion zweier Gase in einer Brennkammer bezieht er seine Energie, die unmittelbar in Licht umgewandelt wird. Diese beiden, derzeit die höchstmögliche Energie liefernden Reaktionsgase sind Wasserstoff bzw. Deuterium und Fluor. Allerdings liegt das Laserlicht im IR-Band, was riesige optische Spiegelsysteme zur Strahlbündelung über weite Entfernung erfordert. Das laufende US-Projekt »Alpha« soll bald durch variable Modulkombination 10 und mehr Megawatt Leistung erzielen.

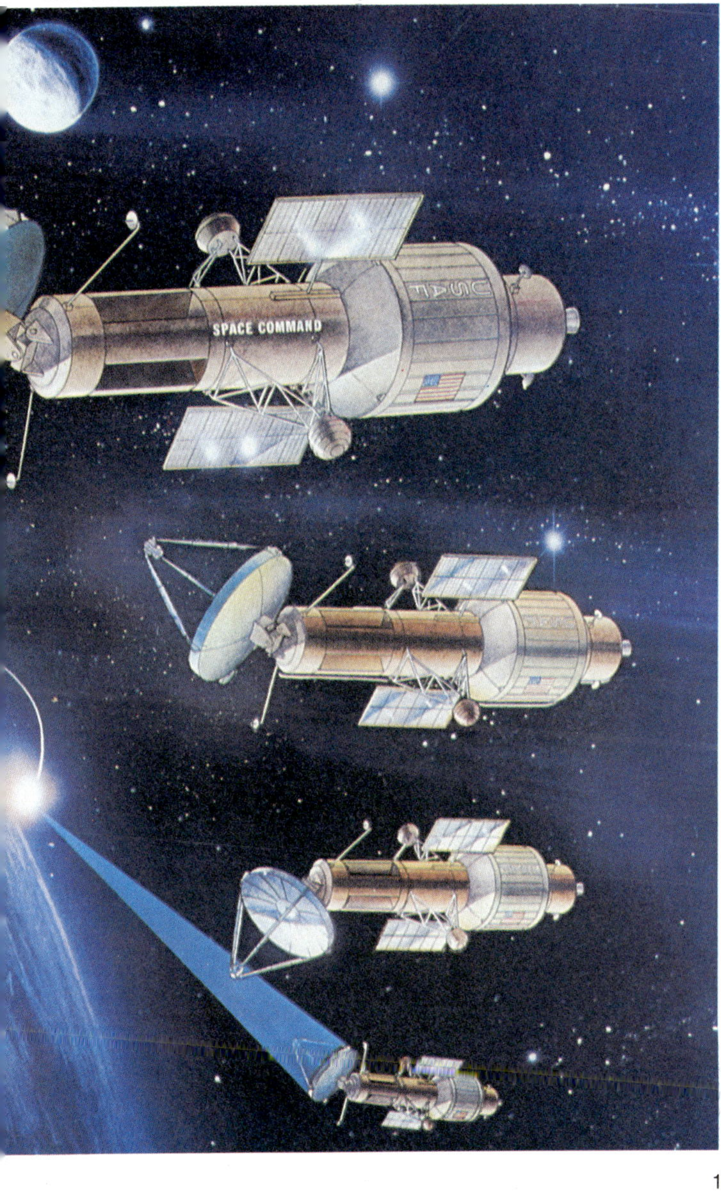

technische Machbarkeit ähnlicher, aber noch größerer, für eine Waffenanwendung geeigneter 25 MW Laser erforschen.
Ebenfalls in White Sands, Neumexiko, wird am MIRACL (Mid-IR-Advanced Chemical Laser), dem gegenwärtig leistungsstärksten westlichen Deuterium-Fluor-Laser, gearbeitet, der auf 3.8 Mikron Wellenlänge bereits 2.2 MW leistet. Bei der HELSTF (High Energy Laser System Test Facility) dient er der Weiterentwicklung einer Variantenreihe DEW-geeigneter Technologien, einschließlich der Strahlbündelung und Punktfokusierung. Mit MIRACL-Tauglichkeitstests zum Abschuß von Sonderaketen wird gerechnet.

Lode System

Das raumgestützte Forschungsprogramm beinhaltet ferner das LODE (Large Optics Demonstration Experiment)-Projekt mit einem 4 m Spiegelsystem zum Nachweis der fertigungstechnischen Durchführbarkeit großer Strahlenkontrollgeräte höchster Qualität. LODE ist jedoch nicht für leistungsstarke Laser bestimmt. Ein anderes Hauptforschungsgebiet ist APT (Acquisition, Pointing and Tracking)-Laser-Zielsuche, Punktausrichtung und Verfolgung. Ein zentrales Programm dieses Bereichs ist »Talon Gold« als taugliches Gerät zur genauesten Laser-Punktausrichtung. Diese Laser-Punktierungstechnik mit angepaßter Optronik schien eine Punktierungsfähigkeit jenseits der »Talon Gold«-Spezifikation zu demonstrieren. Das Programm wird daher entweder ein-

Bild rechts:
Die Figur verdeutlicht am Modell die Dimension des großen chemischen »Alpha« Laserzylinders mit der experimentellen Testkammer, die auf dem San Juan Capistrano Versuchsgelände gebaut wird.

Bild rechts unten:
Das Bild verdeutlicht die Zerstörungswirkung des MIRACL (Mid — IR Chemical Laser) an einem »Titan I« Zweistufenboostergehäuse. Bei diesem Test wurden am Ziel die raumtypischen Fluglastfaktoren simuliert.

Bild unten:
Das mögliche Aussehen einer Raumkampfstation mit chemischem Laser zum FK-Abfangen in der Startfolgephase. Das optische Spiegelsystem hat 15,25 m Durchmesser, eine Leistung von ca. 25 Megawatt und ein Gewicht von 100.000 kg. Ein durchaus machbarer Vorschlag, allerdings wären sehr viel kleinere Stationen wünschenswert.

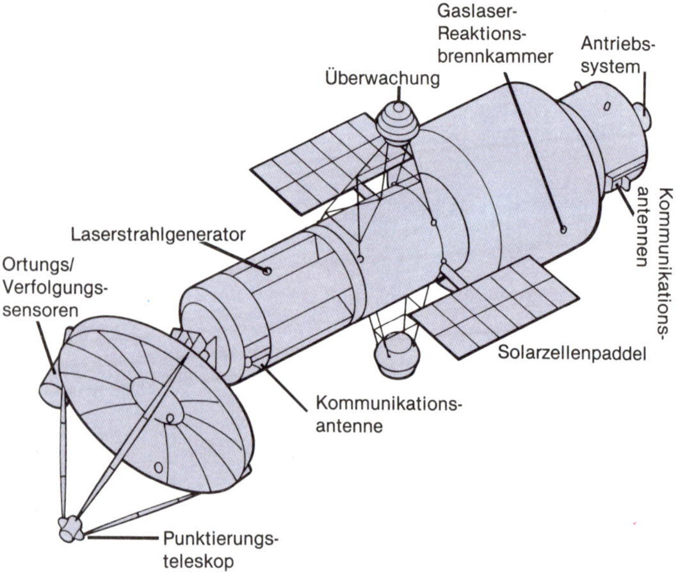

gestellt oder zur Unterstützung anderer SDI-Elemente neu ausgerichtet.
Im Rahmen der Raumlaserforschungen werden viele andere Projekte zum Konzeptdurchführbarkeitsnachweis erwogen. Einige Ideen sehen stabile, raumtaugliche Leichtbau-Spiegelentwicklungen für Hochleistungslaserwaffen vor. Solche Spiegel werden in Segmenten konstruiert, da es einfacher ist, sie im Raum aus mehreren kleinen Komponenten zu montieren als einen einzelnen großen Reflektor zu bauen. Andere Vorstellungen betreffen die problematische Reinhaltung der Spiegel im Raum. Langer Raumaufenthalt führt zu zahlreichen Kollisionen mit Molekülen und Kleinpartikeln, die erhebliche Schäden an den hochgenauen optischen Oberflächen hervorrufen. Solche Schäden können zu verhängnisvollen Fehlfunktionen des, von kraftvollen Energieschlägen beaufschlagten Spiegels von Laserwaffen führen. Eine andere Forschungseinrichtung verfolgt die Leistungssteigerung chemischer Laser, z.B. durch Wirkungserhöhung des Gasdurchflusses im Laser. Verschiedene chemische Laserformen, wie Sauerstoff-Jod-Laser und Dämpfungsmethoden gegen Raumschiffvibrationen werden ebenfalls untersucht.
Während chemische Laser wohl zu den ehesten DEW-Systemen führen, hält man Excimer (Excited Dimer)- und freie Elektronenlaser für auf lange Sicht erfolgversprechender, obwohl sie sicherlich noch schwerer und deshalb besser am Boden stationiert würden.

Kürzere Wellenlängen

Der Vorteil von Excimer- und freien Elektronenlasern gegenüber chemischen Lasern sind die von ihnen erzeugten, kürzeren Wellenlängen, die weniger streuen, besser absorbiert werden und kleinere optische Spiegel erlauben. Demgegenüber nachteilig ist die Notwendigkeit von Reflektoren allerhöchster Qualität und die Bodenstationierung aufgrund ihrer voluminöseren Größe und viel höheren Energiebedarfs.
Die Bezeichnung »Excimer« ist von Excited Dimer (Gaserreger) abgeleitet. Unter Dimer versteht man zweiatomige Moleküle, die in dieser Anwendung aus einem Edelgas (Xenon oder Krypton) und einem Halogen (Chlor oder Fluor) durch Erhöhung ihres Erregungszustandes, etwa nach Durchleitung eines elektrischen Stroms durch solche Gasmischungen, entstehen. Beim Wiederzerfallen senden Dimer Lichtphotone im sichtbaren bis UV-Bereich aus, ihre Zerfalls-»Kaskaden« erzeugen einen kohe-

Bild unten:
Die Maßstabsskizze zeigt das Abfangen in der Startfolgephase durch einen Bodenlaser, der seine Strahlen über einen Raumspiegel im geosynchronen Umlauf auf ICBM-Flugkörper vor dem Abstoßen der Mehrfachgefechtsköpfe reflektiert.

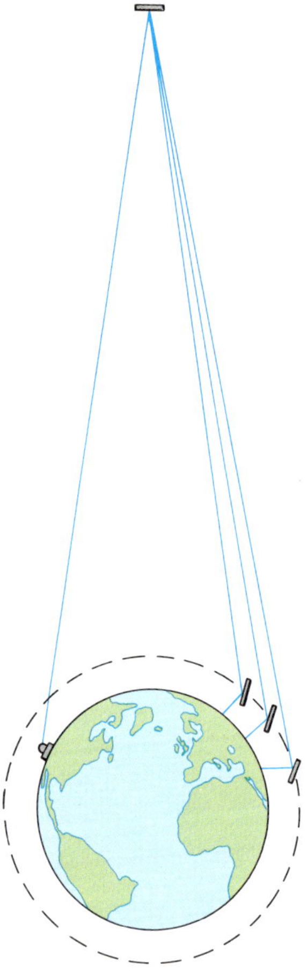

renten, mehr pulsierenden als wellenkontinuierlichen Laserstrahl mit tödlichen Vorteilen.
Verschiedene Excimer-Laserprojekte sind mit Xenon-Clor- und Krypton-Fluor-Lasern und besonderem Nachdruck in Arbeit. In der Energieumwandlung sind Excimer-Laser weniger effektiv als chemische Laser. Mit dem »Raman«-Zellen-

laser, einer leistungssteigernden Excimer-Lasermehrfachkopplung lassen sich jedoch sehr energiereiche Strahlen, wenn auch mit etwas größerer als der Eingangsstrahlwellenlänge, erzielen. Eines dieser Hauptprojekte ist EMRLD (Excimer Repetitively-Pulsed Laser Device), mit dem noch vor Ende des Jahrzehnts ein Excimer-Laser der Megawatt-Klasse herstellbar sein soll.
Im freien Elektronenlaser passiert ein Elektronenstrahl ein speziell angeordnetes Magnetfeld, das Elektronen in Schwingung versetzt, die dadurch Photonen radioaktiver Strahlung aussenden. Durch Justierung des Magnetfeldes und Veränderung der Elektronenstrahlenergie lassen sich praktisch Strahlen beliebiger Wellenlängen erzeu-

Bild unten:
Der MIRACL (Mid-IR Advanced Chemical Laser)-Laser ist gegenwärtig mit 2.2 Megawatt Leistung der energiereichste westliche Laser. Verschiedene Anwendungsbereiche wurden damit untersucht, darunter die Schiffsflugkörperabwehr auf See.

Bild ganz unten:
Die Laserstrahlen-»Kanone« der US-Marine mit einem Experimental-Punktricht- und Verfolgungssystem auf dem White Sand Flugkörperversuchsgelände in Neumexiko, mit dem Flugziele verfolgt und Laserstrahlen auf einen vorgewählten Zielpunkt gerichtet werden.

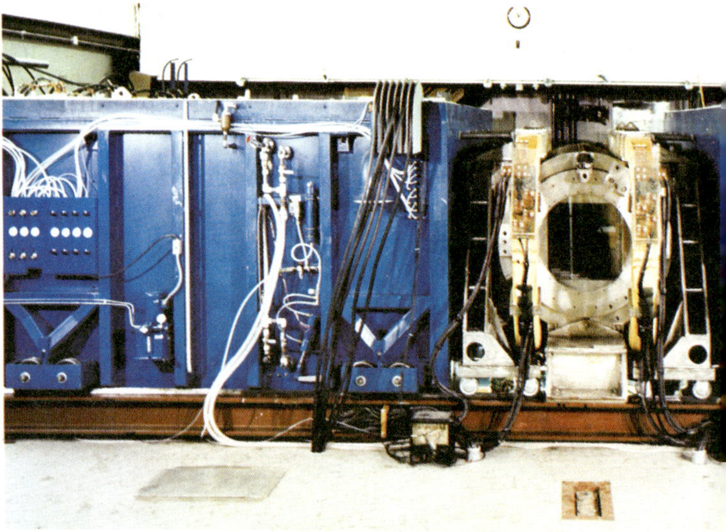

gen. Anfangs hielt man Elektronenlaser nur für bodeneinsatztauglich, nach Verfügbarkeit sehr hoher Strahlungsausgangsleistungen dürfte man ihn jedoch auch raumeinsatzfähig machen können. Der moderne ATA (Advanced Test Accelerator) des Lawrence Livermore Laboratoriums und ältere ETA (Experimental Test Accelerator)-Beschleuniger werden für die wichtigsten Elektronenlaserversuche benutzt. An diesen Forschungen beteiligen sich zahlreiche Firmen, offizielle Laboratorien und Universitäten.

Raumspiegel

Der Hauptforschungsimpuls für Excimer- und Elektronenlaser betont deren Bodeneinsatz über ganze Raumreflektorserien gegen potentielle Raumziele. Die Konstruktion geeigneter Spiegel ist eine äußerst schwierige Angelegenheit, weil — wie erwähnt — ihre Oberfläche äußerst präzise bearbeitet werden muß. Zudem werden Bodenlaser durch atmosphärische Störungen und Ablenkungen beeinflußt. Letzteres Problem scheint durch die Technik angepaßter Optronik alsbald lösbar, mit der ein schwacher Laserstrahl von einem Raumstrahler zu einem Sensor nahe dem Laserwaffensystem gesendet wird. Der Sensor mißt die atmosphärische Strahlablenkung im Raum und richtet den Waffenstrahl entsprechend korrigiert mit gleicher Abweichung aus, die mit dem Durchgang durch die Atmosphäre wieder berichtigt wird. Auf den hawaiischen Maui-Inseln durchgeführte Versuche mit einem, auf ein 10 km entferntes Flugziel gerichteten Bodenlaserstrahl, bewiesen die Ausgleichsfähigkeit atmosphärischer Störungen mit diesem Systemverfahren.

Vielfältige adaptive Optronikprojekte hat man untersucht, u.a. wurden Sensoren zur Überwachung der Wellenlängen und entsprechende Methoden der Laserspiegelabweichung erforscht. Mit diesen Anstrengungen verbunden waren Studien über die Auswirkungen atmosphärischer Phänomene auf die Laserstrahlausbreitung.

Auch den verwandten Technologien, wie dem Bau von Raumlaserreflektoren, die für die Zielbekämpfung durch Bodenlaser notwendig sind, wurde Aufmerksamkeit geschenkt. Manche dieser Probleme bei Bau und Überwachung solcher Spiegel ähnelten den bei Raumlasersystemen angetroffenen Schwierigkeiten.

Andere betreffen jedoch bodengestützte Systeme. Die Güte der Reflexionsflächen und ihre Robustheit, insbesondere bei Pulslasern, muß hierbei weitaus größer sein. Forschungsprojekte sind deshalb vor allem auf neue, widerstandsfähigere Oberflächenmaterialien und hochwirksame Spiegelkühlsysteme gerichtet.

Partikelstrahlenwaffen

Ein anderes wichtiges Konzept befaßt sich mit raumgestützten Partikelstrahlwaffen. Verschiedene Partikelstrahlarten wurden untersucht, sie lassen sich in zwei Kategorien, neutrale und aufge-

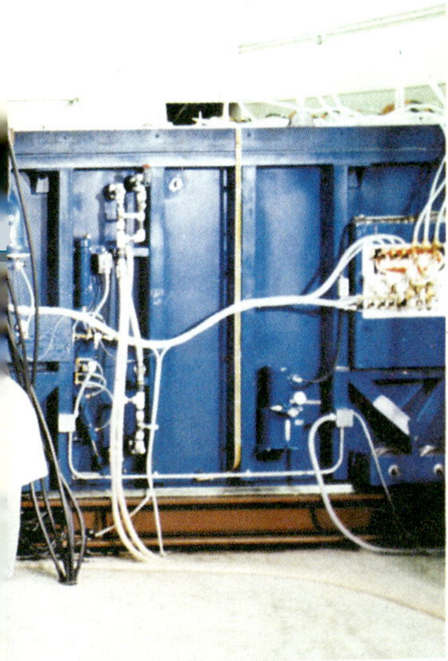

Bild links:
Eine Problemlösung bei schweren Laseranlagen ist, sie am Boden zu installieren und Raumspiegel zur Reflektion der Strahlenenergie auf das Ziel einzusetzen. Abgebildet ist hier das Hochenergie-Puls Excimer-Laserexperiment (EMLRD), mit dem Bodenelemente eines solchen Systems untersucht wurden.

Bild unten:
Gepulste Bodenlaserstrahlen werden durch Raumspiegel auf Ziele in großen Höhen reflektiert. Dieses System hat viele Vorteile, allerdings auch den gravierenden Nachteil der Laserstrahlenablenkung und -abschwächung durch die Erdatmosphäre. Immerhin wurden dafür Problemlösungen gefunden.

ladene Partikelstrahlen, einteilen. Alle Partikelstrahlen beginnen mit aufgeladenen Strahlen, die von elektronischen oder Magnetfeldern hochbeschleunigt und gesteuert werden. Zur Erzeugung neutraler Strahlen wird die Aufladung durch verschiedene Techniken der Abtrennung eines Elektrons von jedem Teilchen reduziert.

Allgemein eignen sich aufgeladene Partikelstrahlen nicht für Langstreckenanwendungen, da sie durch das Erdmagnetfeld abgelenkt werden und die Teilchen sich aufgrund gegenseitigen Abstoßens schnell zerstreuen. Teilchenstrahlen werden zudem von der Atmosphäre absorbiert, sie eignen sich deshalb vor allem für ein DEW-Bodeneinsatzkonzept.

Es gibt zwei bemerkenswerte Ausnahmen. Es scheint, daß ein schnell gepulster Elektronenstrahl dazu gebracht werden kann, sich über längere Distanz, durch die Atmosphäre hindurch, dadurch auszubreiten, daß jeder Puls für den folgenden ein »Loch« bohrt. Diese Technik kann für den Aufbau von Endflugabwehrsystemen nützlich sein. Die andere Ausnahme ist, daß sich negativ aufgeladene Teilchenstrahlen in verdünnten Gasen ausbreiten und dabei einem, von relativ schwachem Laserstrahl ionisierten Kanal folgen. Diese Technik wurde demonstriert und scheint den Einsatz aufgeladener Teilchenstrahlen in Höhen von 80 bis 600 km zu ermöglichen.

Neutrale Teilchenstrahlen scheinen die besseren Kandidaten für DEW-Systemanwendungen zu sein. Die Basistechnologien werden in vielfältigen Forschungsprogrammen angewendet, sie nutzen dazu Einrichtungen wie das WHATS (White Horse Advanced Test Stand) am Nationalen Los Alamos Laboratorium.

Partikelstrahlenwaffen liegen noch in fernerer Zukunft als Laserwaffen, versprechen aber langfristig einiges. Gegenwärtig können sie bereits elektronische Flugkörpersysteme mit geringeren Energien, als zur physischen Zerstörung erforderlich, durcheinanderbringen. Die Forschung konzentriert sich auf Verfahren zur Erzeugung und Steuerung aus-

Bild unten:
Dieser freie Elektronenlaser im Nationalen Los Alamos Laboratorium nutzt eine bis vor kurzem völlig unbekannte Technologie. Solch ein System scheint bis zu 40% sichtbares Licht zu erzeugen und der beste Zugang zu Bodenlasern zu sein.

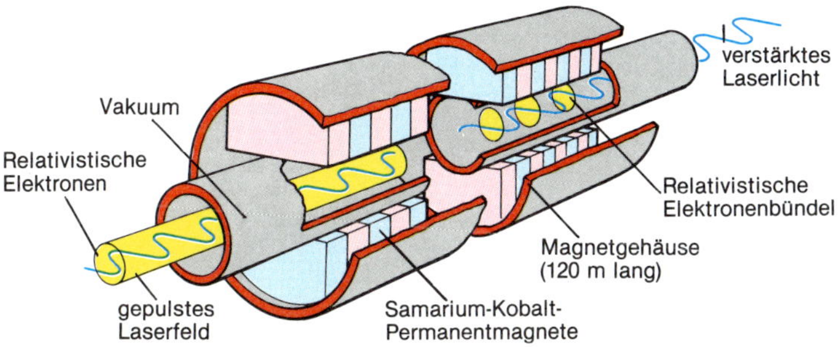

Bild unten:

Ein Diagrammschema des freien Elektronenlasers. In diesem Gerät wird ein Elektronenstrahl durch ein magnetisches (»Wellen«) Wechselfeld geschickt, das ihn zu einem sinusoidalen Passieren (besser: »Zucken«) mit Energieabstrahlung und Verlangsamung zwingt. Die Energieabnahmerate und erzeugte Lichtfarbe läßt sich magnetisch kontrollieren, d.h. »tunen«.

Das Wellenrücklaufsystem. Strahlenteile werden reflektiert, passieren einen Strahlenteiler zum Wellenformanalysierer, justieren nun den deformierten Spiegel zur Vorablenkung des Ausgangsstrahls. Die Atmosphäre formt ihn danach wieder normal.

Das Rückwellensystem. Jedes deformierbare Spiegelelement vibriert mit 10 bis 40 Hertz und moduliert den Abgangsstrahl. Der reflektierte Strahl wurde analysiert und zur Justierung des den Strahl vorablenkenden Spiegels benutzt.

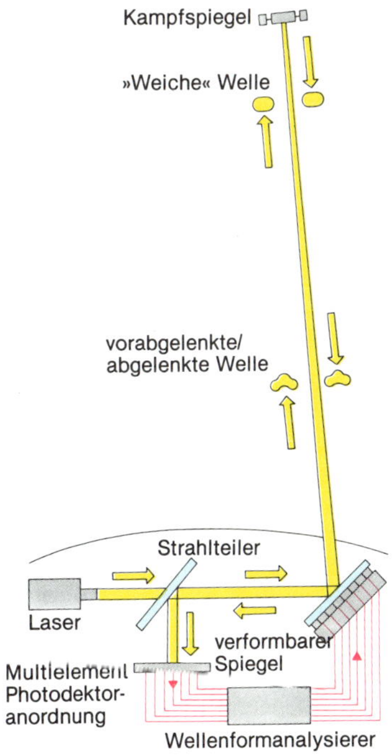

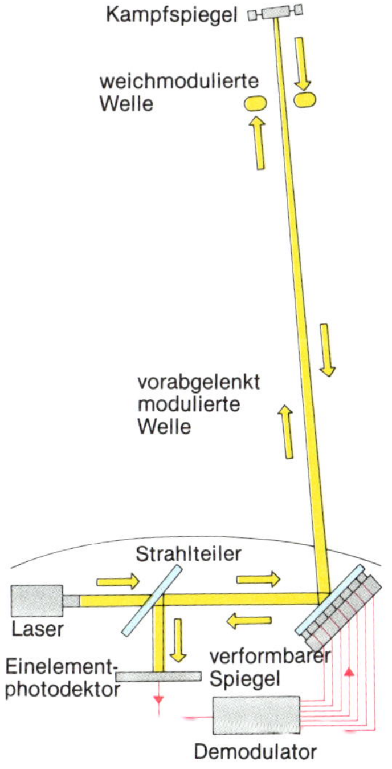

reichend starker Strahlen und die Gewichtsverminderung der Geräte.

Der Röntgenstrahlenlaser

Eine andere untersuchte DEW-Systemart ist der Röntgenstrahlenlaser. Er unterscheidet sich grundsätzlich von anderen im SDI-Programm. Diese Waffe wirkt durch 50 oder mehr »Peitschenschlag«-Stabfelder rund um einen kleineren atomaren Explosionskern. Diese Stabfelder richtet man auf gegnerische Flugkörper, nach der Atomexplosion senden die Felder starke Röntgenstrahlimpulse auf ihre Ziele und zerstören sie durch auf der Flugkörperoberfläche ausgelöste Schockwellen oder Strahlenwirkung auf die Flugkörperelektronik (die genaue Wirkung hängt von der Frequenz und Intensität der Röntgenstrahlen ab).
Der genauere Aufbau des Röntgenstrahlenlasers ist streng geheim. Man kann aber von zwei Konfigurationen ausgehen, jede mit einer von Stabfeldern umlegten Atomwaffe.
Ein 1 bis 2,5 m langer Feldstab besteht aus sehr dichtem Metall oder 1 cm langen und 1/1.000 mm dicken CFK-Fäden. Auch wenn diese Angaben nicht voll zutreffen, die auf dem unterirdischen Atomtestgelände in Nevada durchgeführten Versuche waren offenbar sehr ermutigend.
Wie diese Waffenart tatsächlich zum Einsatz kommt, ist ebenso unklar. Die ständige Stationierung im All würde den Vertrag über den äußeren Weltraum verletzen, der Nuklearwaffen im Raum verbietet. Vorgeschlagen wurde u.a. ihr Einbau in kleine Flugkörper zum Gegenschlag nach einem Angriff.

Bild rechts:
Ballistische Flugkörper können durch Ausschaltung der FK-Elektronik zerstört werden, die zur totalen Fehlfunktion des Flugkörpers selbst führt. Möglich ist der Einsatz neutraler Teilchenstrahlenwaffen. Das Bild zeigt die 2. Stufe eines neutralen Partikelstrahlengeräts, das auf dem White Horse Advanced Test Stand einen 100 Milliampère-Strahl mit einem RF-Quadropolbeschleuniger erzeugte.

Das Aufbauschema einer möglichen Neutral-Teilchenstrahlenwaffe zum Abfangen ballistischer Flugkörper und Wiedereintrittskörper in der Startfolge- und mittleren Flugbahnphase. Das Gesamtsystem dürfte 10 bis 40 Stationen, jede 60.000 kg schwer, umfassen.

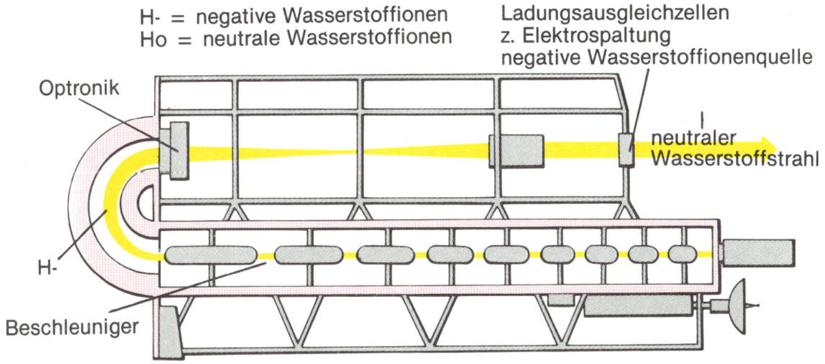
H- = negative Wasserstoffionen
Ho = neutrale Wasserstoffionen
Ladungsausgleichzellen
z. Elektrospaltung
negative Wasserstoffionenquelle
Optronik
neutraler
Wasserstoffstrahl
H-
Beschleuniger

Kinetikenergiewaffen

Kinetikenergiewaffen sollen Flugkörper durch Aufprall zerstören (Kinetische Energie = Bewegungsenergie). Viele verschiedene Konzepte wurden untersucht. Danach scheint es möglich, solche Waffen zum Abfangen ballistischer Flugkörper in allen Flugbahnphasen, vom Start bis kurz vor dem Zielaufschlag, einzusetzen.
Eine dieser meist interessierenden Waffenformen ist die elektromagnetische Schienenkanone. Sie funktioniert durch starke elektrische Ströme bis zu mehreren Megaampere Stromstärke auf zwei Parallelschienen. Das zwischen die Schienen eingepaßte Projektil schließt beide Schienen kurz. Bei Stromfluß wirken Lorentzkräfte als Projektilantrieb entlang der Schienen. Es laufen gegenwärtig viele spezielle Schienenkanonenprojekte, mit denen bereits bemerkenswerte Ergebnisse erzielt wurden. Eine Testkanone feuerte 300 Gramm schwere Projektile mit einer Geschwindigkeit von 4.2 km/Sek ab. Ein anderes Ergebnis führte zum Abschuß kleingewichtiger Geschosse mit 40 km/Sek bei einer Kadenz von fünf Schuß in einer halben Sekunde. Es scheint möglich, die Projektilgeschwindigkeit bald auf 100 km/Sek und eine Kadenz von 60 Schuß/Sek zu steigern.

Einsatzgrundsätze

Zwei grundlegende Einsatzverfahren sind möglich, bei einem werden viele ungelenkte Geschosse, beim anderen weniger, aber schwerere Projektile mit Lenksystemen verschossen. Beide Methoden eignen sich für Abfangmissionen in allen Flugbahnphasen.
Sehr große technische Probleme beim Entwurf von gelenkten Projektilen mit genügend Widerstandsfähigkeit gegen enorme Beschleunigungskräfte beim Abschuß von einer elektromagnetischen Schienenkanone sind noch ungelöst. Immerhin hat ein Lenkprojektil ein vorprogrammiertes Manöver durchgeführt und Beschleunigungen über 50.000 g ausgehalten. Eine vielversprechender Weg mag der Einbau eines Laserzielsystems in die Startplattform sein.
Die beiden Hauptprojekte für elektromagnetische Schienenkanonen sind das GBHE (Ground-Based Hyper-velocity gun Experiment)-Bodengerät und das raumgestützte »Sagittar«-Projekt. Das GBHE-Projekt ist bemüht, mehrere, bereits in Entwicklung stehende Schienenkanonen-Technologien zu intergrieren. Das »Sagittar«-Projekt will die Durchführbarkeit von Raumeinsätzen mit hyperschnellen Kanonen und die Lenkung seiner Geschosse beim Zielabfangen demonstrieren.

Ideenskizze einer raumstationierten elektromagnetischen Schienenkanone, die hyperschnelle Projektile mit über 100 km/Sek-Geschwindigkeit und einer Kadenz von 60 Schuß/Sek verfeuert. Experimentalschienenkanonen bewiesen bereits ihre Fähigkeit, 2.5 Grammgeschosse mit 8.6 km/Sek Anfangsgeschwindigkeit zu verschießen.

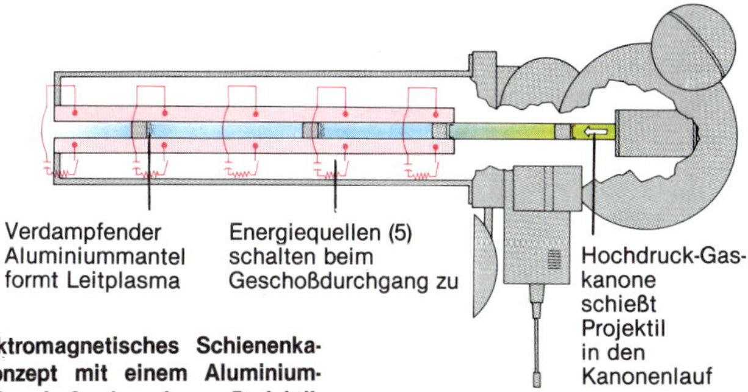

Ein elektromagnetisches Schienenkanonenkonzept mit einem Aluminiummantel-Geschoß, dem Lexan-Projektil, das durch eine Gaskanone in den Lauf geschossen wird. Dabei schließt der Alu-Mantel beide Schienen kurz, verdampft dabei durch die hohe Stromstärke zu Plasma und treibt das Projektil vor sich her aus dem »Lauf«. Solche Waffen können ICBM-Flugkörper in allen Flugbahnphasen zerstören.

Der HOE (Homing Overlay Experiment)-Testflugkörper der US-Armee schießt vom pazifischen Kwajalein-Versuchsatoll in den Raum zum Abfangen des Wiedereintrittskörpers einer von der Vandenberg AFB, Kalifornien, gestarteten ICBM.

Schienenkanonen erfordern für den Bruchteil einer Sekunde riesige Anfangsbeschleunigungskräfte zum Projektilabschuß. Ein Schlüsselforschungsbereich ist die Systemstudie über diese unvorstellbaren Anforderungen. Das gegenwärtig benutzte Hauptgerät ist der homopolare Stromgenerator, bestehend aus einem schweren, in einem Magnetfeld extrem schnell umlaufenden Schwungrad. Beim Einschalten des homopolaren Generators wandelt sich die kinetische Systemenergie unmittelbar in elektronische Energie um. Andere Forschungsbereiche schließen die Verwendung von Explosivstoffen zur Erzeugung elektrischer Stromstöße, die Herstellung neuer Hochbeanspruchungsmaterialien für die Kanonenschienen und den Entwurf von Geschoßladevorrichtungen ein.

Kinetische Zerstörgeräte

Einem anderen kinetischen Energiekonzept folgt das kinetische Zerstörgerät, eine kleine hochbeschleunigte Rakete mit Zielendphasenlenkung, im Prinzip dem MHV des amerikanischen ASat-Systems ähnlich. Das Systemkonzept be-

Bild Oben:
Der HOE (Homing-and-Kill Overlay Vehicle) Flugkörper nähert sich mit über 4.600 m/Sek Geschwindigkeit seinem »Opfer«, der Fangschirm von 4,6 m Durchmesser ist entfaltet.

Bild unten:
Der HOE Flugkörper-Abfangmechanismus. Beim Test 1984 traf das Gerät so genau in der Mittelachse sein Ziel, daß die Wirksamkeit der gewichtverstärkten Radialspeichen nicht getestet werden konnte.

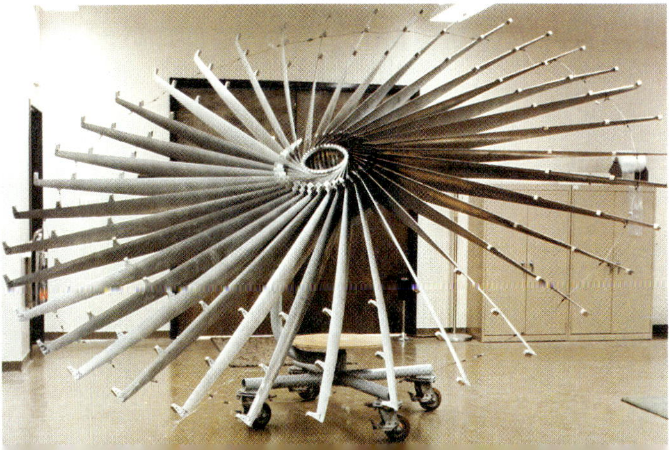

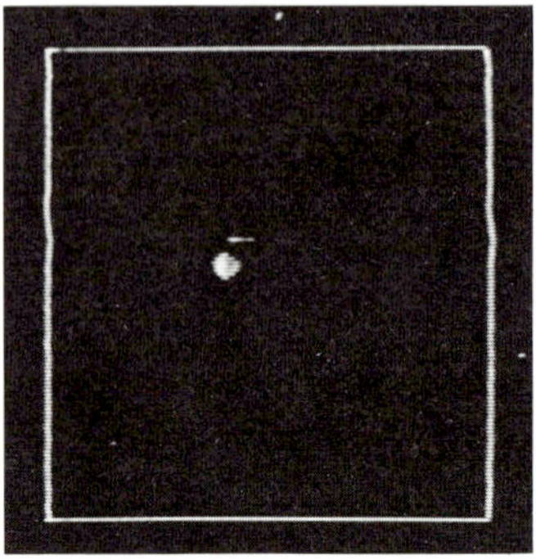

Das Videobild des Tests 1984 zeigt den HOE-Raketenfeuerschweif einen Sekundenbruchteil vor dem Direktaufprall auf die Gefechtskopfattrappe. Der Strich darüber ist eine Testmarkierung.

Eine Zehntelsekunde nach den Abfangaufprall zeigt das Bild die Trümmer des durch das Stahlnetz mit absolutem Volltreffer demolierten Wiedereintrittskörpers. Die Bilder machte ein 24 Zollteleskop auf Kwajalein.

zieht eine Reihe erdumlaufender Satelliten, alle mit zahlreichen Kinetikenergie-Zerstörgeräten, Zielortungssensoren (entweder an Bord des Muttersatelliten oder auf benachbarten automatischen Gefechtsmanagementsatelliten zur Systemeinsatzkoordinierung) mit ein.

Die notwendige Zahl von Satelliten- und Abfanggeräten in jedem Raumkörper hängt von der Interzeptorart und -fähigkeit — Reichweite, Gewicht, Zerstörwahrscheinlichkeit usw. — und vom Grad der Schutzbedürftigkeit ab. Ein danach vorgeschlagenes Projektschema, »High Frontier« genannt, würde aus 400 Satelliten mit je bis zu 50 Interzeptoren an Bord bestehen. Etliche Kinetikabschußgerätestudien wurden schon begonnen, die endgültige Projektilform liegt noch nicht fest. Ein Entwurfsziel ist der Bau eines 20 kg schweren Geschosses für Beschleunigungen bis 6 km/Sek^2. Die Forschungsbereiche schließen geeignete Lenktechnologien und Einwirkungen der Projektilabgase auf die Satellitensensor-Verschmutzung ein.

Das HOE (Homing Overla Experiment) der US-Armee wurde am 10. Juni 1984 getestet. Eine von der Vandenberg AFB in Kalifornien gestarteter ICBM wurde in der Startfolgephase vom Kwajalein-Atoll Testgelände aus gestartet, der manövrierfähige Interzeptor war mit Borddetektor und einer Stahlnetzzerstöranlage ausgerüstet, das seine 36 flexiblen Speichen mit je drei kleinen, aber schweren Gewichten an den Enden schirmartig öffnete (siehe S. 123). Da sie das Ziel genau in der Längsachse voll traf, konnte seine eigentliche Wirkung nicht getestet werden.

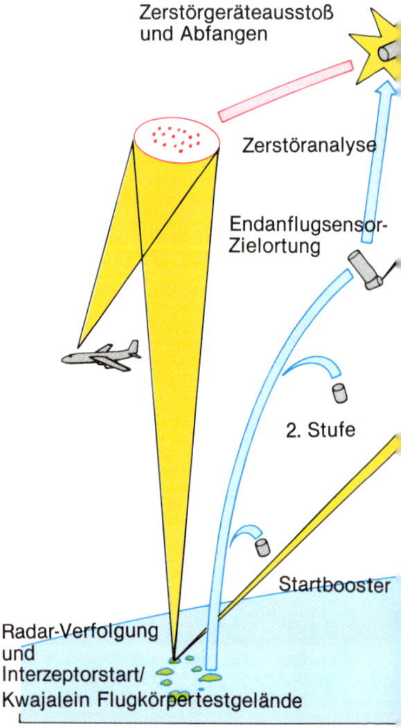

Trümmerwolke nach dem Aufprall. Die Wolke ganz links ist der Rest des Ziel-Wiedereintrittskörpers. Die größere Wolke in der Mitte besteht aus HOE-Trümmern. Das Abfangen erfolgte in 145 km Höhe.

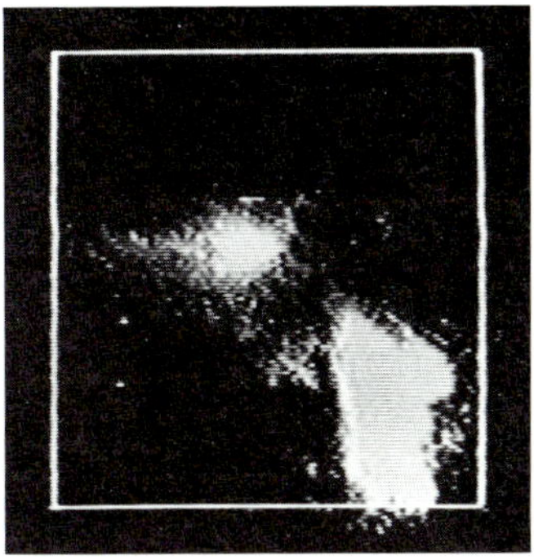

Bild oben rechts:
Kurz danach sind nur mehr zwei kleine HOE-Trümmerwolken sichtbar. Die Ziel-RV-Trümmer waren über ein 40 km großes Gebiet verstreut. Der Test war ein voller Erfolg.

Bodenstart-Interzeptoren

Bodengestartete Abfanggeräte für die mittlere und Endflugbahn werden ebenfalls untersucht. Solche »Killer« wurden Ende der 60er/Anfang der 70er Jahre schon entwickelt, aber mit Nukleargefechtsköpfen zur Abwehr wiedereintretender Flugkörper ausgerüstet. Künftige Interzeptoren dürften bei zunehmender Treffgenauigkeit ohne Atomsprengköpfe auskommen. Konventionelle Explosiv-Kampfladungen können zwar verwendet werden, doch bleibt ihre Aufgabe, mit dem Ziel kollidierende Splitter gegen anfliegende Flugkörper und Raketen auszustreuen.

Bodengestartete Interzeptoren können so konstruiert werden, daß sie einfallende Gefechtsköpfe inner- oder außerhalb

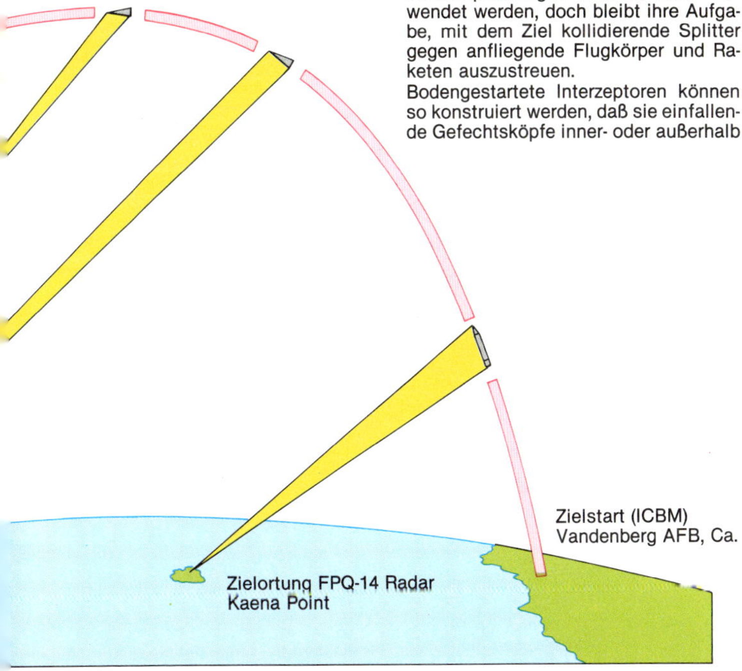

der Atmosphäre zerstören. Erstere sind als endo-, letztere als exoatmosphärische Systeme bekannt. Viele Forschungsprogramme untersuchen dafür geeignete Sensoren, Führungssysteme, Gefechtsköpfe, Zünderarten und Antriebstechnologien.
Ein wichtiges exoatmosphärisches Abfangprogramm ist ERIS (Exoatmosphaeric Reentry Vehicle Interceptor Experiment) zur Abrundung etlicher laufender Forschungsprojekte, insbesondere für das Direktrammverfahren nach Art des HOE (Homing Overlay Experiment). Von vier durchgeführten HOE-Tests brachten die ersten drei zwar unzählige wichtige Informationen, trafen aber ihre Ziele nicht direkt. Der vierte im Juni 1984 allerdings war erfolgreich. Ein von der Vandenberg AFB, Kalifornien, gestarte-

ter Wiedereintrittskörper/Minuteman ICBM) wurde durch einen auf dem Kwajalein-Atoll im Pazifik gestarteten HOE-Interzeptor zerstört. Dies Abfanggerät spreizt kurz vor dem Rammaufschlag in 150 km Höhe bei rund 9 km/Sek Geschwindigkeit kreisförmig mit Gewichten beschwerte »Fangarme« von 2,5 m Durchmesser zur Vergrößerung des letalen HOE-Wirkungsradius auf.

Bild links:
Abschuß des SRHIT (Small Radar Homing Intercept Technology)-Flugkörpers, etwa 3 m lang, 25 cm Durchmesser, zum Test von Flugleit- und Zielanflugsystemen für die Endabfangphase einfallender Gefechtsköpfe innerhalb der Atmosphäre.

Bild unten:
Der HEDI (High Endoatmospheric Defence) Interzeptor soll dagegen Wiedereintrittsgefechtsköpfe in Höhen von 15 bis 60 km noch außerhalb der Erdatmosphäre zerstören. Er verfügt dazu über einen IR-Sensor, der für einen Hochgeschwindigkeits-Windkanaltest justiert wird.

Zwei wichtige Projekte des endoatmosphärischen Forschungsprogramms sind die SRHIT (Small Radar Homing Interzept Technology)- und HEDI (High Endoatmospheric Defense Interceptor)-Flugkörper. SRHIT mit ca. 25 cm Durchmesser ist rund 3 m lang und dient der Erprobung des Flugleit- und Anflugsystems für die Zielanflugphase des Abfangvorgangs. Der Flugkörper manövriert ähnlich wie das ASat-MHV mit kleinen, peripher angeordneter Raketenmotoren. HEDI ist ein Abfanggerät für Wiedereintrittskörper in größeren Höhen zwischen 15 bis 60 km. Während SRHIT-Tests bereits stattfanden, dürfte die HEDI-Erprobung erst 1989 beginnen.

Endphasen-Abwehr

Zur Ergänzung dieser endoatmosphärischen Systeme befaßt sich die Forschung mit Abfangverfahren »in letzter Minute«, d.h. kurz vor dem Zielaufschlag in besonders wichtigen Zielen. Bei diesem Konzept handelt es sich sowohl um radargesteuerte Schnellfeuerkanonen als auch um solche, die Schwärme (bis zu 1.000) kleiner Projektile abfeuern. Allerdings haben solche Waffensysteme nur wenige Kilometer Reichweite.

Systemanalyse, Gefechtsmanagement und Unterstützungsprogramme

Ein besonderes Forschungsgebiet für diese Aufgaben ist das Studium möglicher Systemarchitekturen. Dabei sind Definitionen der Leistungsparameter, die Wirksamkeit einzelner Elemente innerhalb eines Verteidigungsnetzes und die Analyse etwaiger »Abfallergebnisse« aus den verschiedensten möglichen Systemen Gegenstand dieser Anstrengungen. Dazu müssen neuartige Modell- und Simulationstechniken entwickelt und mögliche sowjetische Gegenmaßnahmen von vorn herein mit berücksichtigt werden. All das beeinflußt die Systemleistungen und deren Entwicklungsmethoden.
Für das moderne Gefechtsfeldmanagement als einer der wichtigsten Aufgaben bedarf es ausgedehnter Forschungen. Jedes wirksame Verteidigungssystem erfordert ein hochleistungsfähiges Gefechtsfeldmanagementsystem, das andererseits auf modernste Datenverarbeitungs- und C/3 (Command, Control & Communications)-Techniken angewiesen ist. Weit über 100.000 sich schnell bewegende Objekte sind in kürzester Zeit zu orten, zu identifizieren und zu verfolgen, ihre mögliche Funktion, Position und Geschwindigkeit muß schnellstmöglich, aber ebenso zuverlässig ausgewertet und an alle zum Verteidigungsnetz gehörigen Stellen weitergeleitet werden, selbst wenn der Gegner dieses System zu stören versucht. Diese Fähigkeiten übersteigen noch die ge-

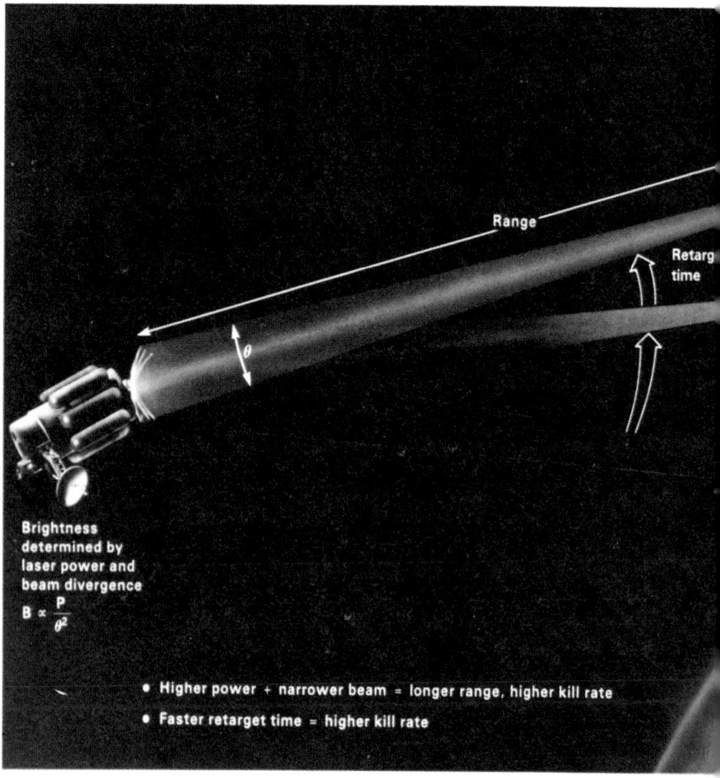

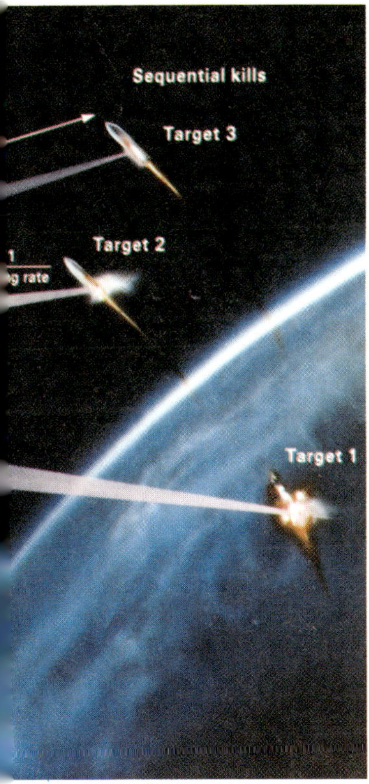

Bild oben:
Die Wirkung eines Lexan-Projektils, abgefeuert aus dem Prototyp einer elektromagnetischen Schienenkanone auf einen Aluminiumgußblock (Bildmitte).

Bild links:
Die Systemvernichtungsrate hängt ab von der Strahlenintensität im Ziel und der Zielwechselzeit.

genwärtigen technologischen Möglichkeiten und erfordern deshalb dramatische Leistungssteigerungen, etwa im Bereich der Computer, Hard- und Software sowie der Kommunikationstechnologien.
Demzufolge finanziert das SDI-Programm die Forschung zur Herstellung viel schnellerer, weit stärkerer und zuverlässigerer Computer und Kommunikationstechnologien.

Forschungsbereiche

Die Forschung beinhaltet z.B. Projekte für optische, fehlertolerante und künstlich-intelligente Computer, Laserkommunikation, selbstinstandsetzende Systeme und software-schreibende Techniken. Trotz rapiden Fortschritts auf diesen Gebieten sind noch viele entscheidende Verbesserungen notwendig, ehe ein Gefechtsfeldmanagement mit ausreichender Kapazität, Geschwindigkeit und Unverwüstlichkeit verfügbar ist. Experten halten gerade diesen Bereich für die größte Herausforderung, der sich das SDI-Programm stellen muß.

Unterstützungsprogramme umfassen vier Hauptgebiete: Überlebensfähigkeit, Vernichtungsfähigkeit, Energiesysteme und die Logistik. Die Überlebensforschung erfaßt die voraussichtliche Bedrohung der Verteidigungssysteme und unterstützt die Entwicklung von Taktiken und Technologien zur Verringerung der Bedrohung. Spezielle Projekte innerhalb dieser Bereiche gelten dem Studium neuer Härtungsmaterialien und -techniken, um Systeme schwerer verwund- oder zerstörbar zu machen. Diese Forschungs- und Studienergebnisse fließen in die Systemarchitekturstudien ein.

Vernichtungsforschung

Dieser Forschungsbereich untersucht die Wirkungen destruktiver Systeme an einer Vielzahl von Zielen, der Wirkungsart und -weise unterschiedlicher Waffen, wie Laser, Teilchenstrahlen oder möglicher Gefechtsköpfe auf Flug-und Wiedereintrittskörper sowie elektronische Systeme. Für die Festlegung der komplexen Konstruktions- und Entwicklungsziele für alternative Verteidigungssysteme und die begleitenden Überlebensstudien sind diese Forschungen unabdingbar.

Raumenergiesystemforschung untersucht geeignete Techniken für die Energieerzeugung und -umwandlung zur Abdeckung der Forderungen des Verteidigungssystems. Ein Hauptprojekt befaßt sich mit der Entwicklung des 3.000 kg schweren SP-100 Atomreaktors für 100 kW Leistung, mit dem die technische Durchführbarkeit künftiger Reaktoren mit zwei Megawatt Leistung demonstriert werden soll. Andere Projekte beinhalten die Erforschung von thermoelektrischen Materialien, Hitzeabweisern und -reflektoren, Explosivstoffen, raketengetriebenen Generatoren, Energiespeichern und nuklearen Brennstoffen. Die Hauptforschungsrichtung zielt auf den Bau von leichten, starken Energiequellen mit langjähriger Lebensdauer und hohen Bedarfsleistungsspitzen.

Die logistische Raumforschung prüft mögliche Technologien für Start, Montage und Unterhaltung von untereinander vernetzten Verteidigungssystemen. Ein Hauptziel ist dabei die Verringerung der Startkosten, die einen wesentlichen Teil der Ausgaben für raumgestützte Verteidigungssysteme ausmachen. Fortschrittliche, wiederverwendbare Startanlagen, Antriebstechnologien, Robotik und Im-Raum-Montage gehören dazu.

Bild oben:
Viele SDI-Technologieprogramme erfordern raumgestützte Hochleistungsenergiequellen. Der 3 Tonnen schwere SP-100 Atomreaktor ist dabei ein wesentlicher Technologiedemonstrator, der nach 1990 mit einer Leistung von 100 kW fliegen soll. Er dient der Erprobung technischer Durchführbarkeit ähnlicher Reaktoren bis zwei Megawatt Leistung.

Bild links:
Ein erster Vernichtungstest im Rahmen des SDI-Programms wurde mit der HELSTF (High Energy Laser System Test Facility)-Versuchsanlage in White Sands am 6. September 1985 durchgeführt. Als Testgerät diente die Hülle der zweiten »Titan I«-Antriebsstufe (zylindrischer Körper in Bildmitte), der zur Simulation heutiger sowjetischer Flugkörper mechanisch beaufschlagt wurde. Dies Ziel wurde durch den MIRACL-Laserstrahl binnen weniger Sekunden völlig zerstört (s. Bild S. 111).

Sowjetische BMD Programme

Trotz großer Schwierigkeiten, Details über sowjetische ballistische Flugkörperabwehrprogramme zu erhalten, besteht Klarheit darüber, daß die Sowjets gleich große Anstrengungen, wie die Amerikaner mit dem SDI-Programm, machen. Dabei sind teils die UdSSR mit größerem Bemühen vorn, teils die USA in Teilbereichen weiter.

Die Sowjets verfolgen zahlreiche Programme für bodengestützte Abfangsysteme. Seit den letzten 60er Jahren existiert ein engmaschiges Netz von »Galosh«-ABM-Flugkörpern rund um Moskau zur Abwehr ballistischer Flugkörper außerhalb der Atmosphäre. Lange Jahre waren dort nur 64 Flugkörper stationiert, obwohl der ABM-Vertrag von 1972 bis zu 100 erlaubte. Um 1980 scheint die Zahl auf 32 verringert worden zu sein, sie wurde seither aber erneut auf mindestens die Höchstzahl aufgestockt. Außerdem ist inzwischen das neue große, zur Führung von ABM-Missionen bestimmte Radarsystem in Pushkino einsatzbereit, weitere solcher Kontroll- und Leitradarstationen sind im Bau.

Neue Abfangsysteme

Teilweise muß über die Typenart der Abfangflugkörper in diesem Luftverteidigungsnetz spekuliert werden, sicher ist aber, daß ein Mix von endo- und exoatmosphärischen Waffensystemen ein-

satzbereit ist. Zu ersteren gehören die schnell einsatzbereite SH-08-Systeme mit einem Atomgefechtskopf geringer Sprengkraft, mit denen Wiedereintrittsgefechtsköpfe kurz vor dem Bodenaufschlag abgefangen werden, sobald aufgrund der Körperaufheizung beim Eindringen in die Atmosphäre aktive Gefechtsköpfe von leichteren Täuschkörpern und Eindringhilfen zu unterscheiden sind.
Bei Tests in Sary Shagan wurden zwei SH-08 Flugkörper binnen zwei Stunden aus dem gleichen Startsilo abgeschossen. Es scheint sicher, daß auch die Moskauer ABM-Silos nachladbar sind, offen ist, wie schnell und wie oft. Immer noch ist das »Galosh»-System in das dortige Abwehrnetz integriert und vermutlich mit dem »Galosh«-ähnlichen, weiter verbesserten Flugkörper SH-04 ausgerüstet, dessen Antriebssystem in großen Höhen 4 bis 5 mal abstell- und wiederstartbar ist. Damit kann der Flugkörper in Wartepositionen gehalten werden, während Bodenabwehrradare aktive und Scheingefechtsköpfe zu unterscheiden suchen.
SH-08 und SH-04 werden zusammen mit »Flat Twin« und »Pawn Shop«-Radarstellungen eingesetzt, die vom US-Verteidigungsministerium als schnell abwehrbereites ABM-3-System bezeichnet werden. Das »Flat Twin«-Verfolgungsradar erhielt seinen Namen von seinen beiden flachen Antennenflächen, das »Pawn Shop«-Führungsradar von seinen drei nebeneinander angeordneten sphärischen Antennen. Es ist zu befürchten, daß die Sowjets insgeheim weitere ABM-3-Abwehrsysteme in Vorbereitung eines kurzfristigen Großeinsatzes herstellen und lagern.

Links:
Das Moskauer ABM-System verwendet seit Jahren exoatmosphärische ABM-1 »Galosh«-Flugkörper (Bild) mit Multimegatonnen-Nukleargefechtskopf und über 300 km Gipfelhöhe. Sie sind neuerdings als neue AMB-1B oder SH-04 in Startsilos geschützt einsatzbereit.

Unten:
Das zweite Element im neuen Moskauer Abwehrsystem ist der SH-08-Flugkörper, ein neuer atmosphärischer Interzeptor mit Atomgefechtskopf geringerer Sprengkraft. SH-08-Silos sollen nachladbar sein (wie oft und schnell ist unbekannt). Bei Tests in Sary Shagan wurden binnen zwei Stunden zwei Flugkörper aus dem gleichen Silo gestartet.

ABM-Einsatz von FlaRak-Flugkörpern

Verschiedene sowjetische Flugabwehrraketensysteme (Boden/Luft = SAM — Surface-to-Air Missile) können zur Abwehr ballistischer Flugkörper eingesetzt werden. Dazu gehört z.B. die seit 1960 eingeführte und laufend verbesserte SA-5 »Gammon«. Sie wurde in den 70er Jahren häufig gegen ballistische Flugkörper getestet, wobei sie Ziele bis 30 km Höhe abgefangen hat. SA-10 ist die erheblich schnellere SAM-Waffe, die in ähnliche Höhen reicht und auch ABM-Fähigkeit haben soll. Das neueste ABM-System ist die SA-12, das auch gegen taktische ballistische Systeme getestet wurde. Beide neuen FlaRak-Systeme können ggfs. auch strategische ballistische Flugkörper angreifen.
Die sowjetische Forschung für Richtenergiewaffen ist aufwendig und extensiv angelegt. Gearbeitet wird mit Hochdruck an chemischen, freien Elektronen-, Excimer- und anderen Lasersystemen und Teilchenstrahlenwaffen.

Mindestens sechs DEW-Hauptforschungsstätten wurden identifiziert, drei davon in Sary Shangan neben solchen für sowjetische ABM-Programme. Die Forschung für optische Systeme, Strahlenkontrolle und Energiequellen für Richtenergie (DEW) geht zügig voran. Wenn auch aus der Literatur dieser Bereiche nichts Konkretes zu entnehmen ist, weiß man doch, daß es enorme Fortschritte gibt. Ein raketengetriebener Generator hat bereits im Westen bislang unerreichte 15 MW Leistung überschritten. Explosivstoff zur Energieerzeugung nutzende Techniken kommen sehr gut voran. Einige westliche Teilchenstrahlenforschungen beruhen auf sowjetischen Ergebnissen der 60er und 70er Jahre. Nach US-Schätzungen haben verschiedene sowjetische Laseranlagen schon ASat-Potential, ein raumgestützter ASat-Laser-Prototyp dürfte noch vor Ende der Dekade gebaut werden, gefolgt von einem einsatzfähigen System nach 1990. Komponenten eines Bodenlaser-ABM-Systems werden in den 90er Jahren getestet und gegen Ende des kommenden Jahrzehnts oder ab dem Jahr 2000 stationiert. Raumlaser werden sehr ernst zu nehmen sein.

Die sowjetische Erforschung kinetischer Energiewaffen ist etwa gleich weit wie die amerikanische, wenngleich die UdSSR durch das Fehlen modernster Computertechnologien etwas behindert scheinen.

Elektromagnetische Schienenkanonen und traditionellere Interzeptortechniken werden auch von den Sowjets untersucht.
Für weitere solche Zukunftsprogramme fehlt es der Sowjetunion sicherlich vor allem an besonders fortschrittlichen Computertechnologien. Auf diesem Gebiet haben die USA immer noch einen deutlichen Vorsprung vor den Sowjets, die sich deswegen sorgen, bei der notwendigen Unterstützung eines umfassenden Raumverteidigungsnetzsystems zurückzufallen und immense Anstrengungen machen, sich westliche Supertechnologie legal oder illegal zu beschaffen, aber auch die eigene Forschung sehr energisch vorantreiben. Bei der Raumsystemversorgung und -logistik liegen die UdSSR vor den USA. Obwohl die amerikanischen Space Shuttle Raumgleiter moderner als russische Startsysteme sind, verfügen die Sowjets über eine überlegene Raumstartkapazität, entwickeln einen eigenen Space Shuttle und eine neue Superstartrakete, um Schwerstlasten in den Raum zu tragen.

Eine SA-12 Flugabwehrraketenbatterie im taktischen Einsatz, dieses Waffensystem wurde auch bereits gegen taktische ballistische Lenkwaffen getestet und dürfte auch gegen strategische Flugkörper einzusetzen sein.

unten:
Eine SA-10 Lenkwaffenbatterie, bei einer Gipfelhöhe von 30 km und »aus-dem-Stand«-Reaktionsfähigkeit ist dieses Waffensystem, wie die SA-12, auch begrenzt gegen strategische ballistische Flugkörper einsetzbar.

Durchführbarkeit und deren Folgen

Wenngleich die künftigen Stationierungsabsichten von Abwehrsystemen schwer zu beurteilen sind, versteht man doch Befürchtungen leichter, die Sowjets könnten ihre bestehenden Abwehr- und Waffensysteme noch erheblich weiter ausbauen. Das große, als Frühwarnradar deklarierte Phased-Array-Radar in Krasnojarsk ist so angelegt und stationiert, daß es ebenso gut als Systemkomponente des ABM-Abwehrnetzes in der südlichen Sowjetunion fungieren kann. Sorge bereitet auch die vielfältige Verwendbarkeit der über die ganze UdSSR verteilten, modernen Flugabwehrraketensysteme mit mindestens begrenzter ABM/ASat-Fähigkeit. Außerdem weist die Entwicklung des ABM-3-Systems daraufhin, daß ein noch wirksameres, weitvernetztes BMD-System im Aufbau ist. Dem dürften in naher Zukunft noch leistungsfähigere Abwehrsysteme folgen, wie etwa Richt- und Kinetikenergiewaffen.

Die amerikanische Forschung für Abwehrsysteme hat lange vor dem SDI-Programm begonnen und bereits einige bemerkenswerte Erfolge gebracht. Das HOE (Homing Overlay) Experiment z.B. wurde noch vor SDI durchgeführt, wenn auch der erste erfolgreiche Abfangversuch nach der SDI-Ankündigung erfolgte. SDI ist auch nicht auf Entwicklung und Bau operationeller Verteidigungswaffen angelegt, sondern hat als Programmziel, alle erfolgversprechenden Technologien zur Unterstützung von Entscheidungen Anfang der 90er Jahre zu untersuchen, ob mit der Entwicklung von Raumverteidigungssystemen begonnen wird oder nicht. Mit Blick auf die technische (und finanzielle) Systemdurchführbarkeit dürften zweifellos zuerst Konzepte zum Aufbau der Endphasenabwehr realisiert werden können, damit die USA sofort nachziehen können, wenn die Sowjets ein umfassendes Endphasenabwehrsystemnetz installieren.

Allgemein kann man sagen, daß frühere Abwehrsysteme wohl Ziele abfangen, weit umfassendere Systeme aber die räumliche Abdeckung dafür erbringen können. Mit anderen Worten: Die End-

Bild oben:
MIRV (Multiple Independently targetable Reentry Vehicle) strategischer Lenkwaffen sind in einem »Bus« im Gefechtskopf untergebracht. Diese MIRV (Bild) sitzen auf der Flugkörperspitze eines »Peacekeeper« (MX) ICBM, ähnlich denen in anderen US- und sowjetischen strategischen, ballistischen ICBM/SLBM Flugkörpern. Eines der SDI-Hauptprogrammpunkte ist das Abfangen strategischer Lenkwaffen in ihrer Antriebsphase, wo Trägerrakete und MIRV noch zusammen auszuschalten sind, d.h. ehe der MIRV-Ausstoß erfolgt.

Bild links:
Die USA bleiben bei ihrer Ansicht, daß dieses riesige Phased-Array-Radar in Krasnojarks den ABM-Vertrag von 1972 verletzt, da es weder an der Peripherie der UdSSR (siehe Insetkarte) liegt, noch vertragsgemäß nach außen gerichtet ist. Nach US-Meinung füllt es eine Lücke in der Kette von »Hen House«, u.a. großer Phased-Array-Radare.

phasenabwehr kann zwar schneller aufgebaut werden, bringt aber nicht den erforderlichen sicheren Schutz gegen strategische ballistische Flugkörper oder gar Raumwaffen.
Auch wenn die derzeitige Bedrohungssituation weiter anhält, stehen dem Aufbau eines umfassenden Raumverteidigungssystemnetzes ungeheuere technische Hindernisse entgegen. Trotzdem wird der Gegner alle Maßnahmen treffen, BMD (Ballistic Missile Defence) noch schwieriger zu machen. Raketentriebwerke können so gebaut werden, daß sie schneller abbrennen und damit die Antriebsphase, in der Flugkörper als relativ weiche, kompakte Ziele bevorzugt anzugreifen sind, innerhalb der Atomsphäre liegt (auch wenn dadurch die Nutzlast geringfügig abnimmt) und die Möglichkeiten zum Abfangen in der Antriebsphase mit Kinetikenergie-, Teilchenstrahlen- und gewissen Laserwaffentypen minimiert wird. Raketenbooster können ferner stärker reflektierend oder rotierend gebaut werden, um IR-Detektoren zu »verwirren«. Zudem können Flugkörper mit Schutzschichten versehen werden, schließlich kann man die Flugkörperanzahl soweit erhöhen, daß Abwehrsysteme weitgehend »gesättigt« werden.

Startfolge-Schwierigkeiten

Nach der Startfolgephase, d.h. nach Brennschluß der Antriebs- bzw. Startraketen, kommen vielfältige, raffinierte Eindringhilfen zum Einsatz, wie etwa refektierende Ballons oder Gaswolken. Auch die Gefechtsköpfe selbst können als Täuschkörper erscheinen oder unvorhergesehene Manöver ausführen, um die Identifizierung und Verfolgung erheblich zu erschweren.
Aggressivere Gegenmaßnahmen, auch elektronische Kampfführungstechniken immer größerer Bandbreite, sind zu gewärtigen. Mit Lasern lassen sich Sensoren blenden oder durch Atomexplosio-

Bild rechts:
Mit erheblich gesteigerter Zielgenauigkeit von ICBM-MIRV mußte der Härtung der Abschußsilos und Tarnung/Täuschung der tatsächlichen Abschußorte landgestützter ICBM vermehrte Aufmerksamkeit geschenkt werden. Die US-Verteidigung machte bei der Einführung und Suche nach zweckmäßigster Stationierung der MX »Peacekeeper« ICBM eine recht dramatische Phase durch. Eine getestete Lösung war das sogenannte »Rennbahn«-System, im Bild bei einem Härteversuch.

nen Sensoren und Kommunikationseinrichtungen und -verbindungen unterbrechen oder gar ausschalten.
Verteidigungssysteme einer Seite werden auch zunehmend verwundbarer gegen Angriffe der anderen Seite, besonders beim Einsatz von Teilchenstrahlenwaffen, vor denen kaum oder gar nicht gewarnt werden kann. Selbst nach dem Aufbau einer allumfassenden Abwehr bliebe dem Gegner immer noch die Möglichkeit, diese mit Marschflugkör-

pern und Bombern zu umgehen oder zu unterlaufen. Angesichts der äußerst komplexen Art jeder Abwehr von ballistischen Flugkörpern und möglicher Gegenmaßnahmen überrascht die Vielzahl von Spekulationen über die Realisierbarkeit großmaßstäblicher, wirkungsvoller Systeme nicht. Dennoch werden Meinungen über deren Machbarkeit oft mißverstanden. So kann man die Abwehr ballistischer Flugkörper nicht einfach als unmachbar abtun, zumal einige Systeme schlicht das Gegenteil bewiesen haben. Die Frage ist in der Tat, ob solche Systeme wirklich ausreichenden Schutz bei realistischen Kosten gewährleisten. Das wirft natürlich eine andere Frage auf: Was bringt überhaupt einen angemessenen Schutz?

Immer mehr Schutz

Kein System vermag totalen Schutz zu gewährleisten und jenseits von allem anderen, es kann niemals im notwendigen großen Maßstab getestet werden. Dennoch hat ein System, das 90% aller Ziele abfängt, hohen Stellenwert. Ohne Frage ist ein Holocaust von 1.000 einfallenden Gefechtsköpfen katastrophal, jedoch immer noch geringer als ein solcher von 10.000, vor allem angesichts klimatischer Veränderungen auf der Erde nach einem globalen nuklearen Konflikt. Wenigstens trägt selbst eine nicht total wirksame Abwehr zur strategischen Stabilität bei. Allein schon die Aussicht, wenigens 20% aller einfallenden Gegnerwaffen abzufangen, verunsichert den Angreifer, da er nicht vorher weiß, welche seiner Gefechtsköpfe zerstört werden, was den wohl durchdachten und begonnenen »Erstschlag«-Angriffsplan durchlöchert. Damit wird es für den Angreifer viel schwieriger, die Zerstörung der gegnerischen Vergeltungskapazität zu garantieren. Dies wiederum mindert theoretisch die Wahrscheinlichkeit, daß eine Seite einen Erstschlagversuch wagt.

Nichtdestotrotz, unklug wäre es, jedwede Abwehridee aufzugeben oder grundsätzlich als unmöglich abzutun.

Dies vor allem wegen möglicher Auswirkungen einer Stationierung auf die strategische Stabilität. Natürlich sind auch gegenteilige Auswirkungen nicht auszuschließen. So könnte ein unbegrenztes Wettrennen bei der Stationierung von Abwehrsystemen zu gefährlicher Unsicherheit und Mißtrauen führen und zu einem Angriffsversuch verleiten, ehe die Abwehr des Gegners voll wirksam wird. Man sieht also, daß ein Abwehrsystemaufbau einen Wettlauf bei offensiven Systemen, d.h. ballistischen Flug- und Marschflugkörpern und Bombern, auslösen kann. Im günstigsten Falle würde dies zu horrenden Rüstungsausgaben für Waffen immer größerer Vernichtungskapazität gegenüber heute schon vorhandenen Arsenalen führen.

Schlimmstenfalls wäre ein totaler nuklearer, alles vernichtender Schlagabtausch die Folge. Selbst wenn man sich bei einem Übergewicht der Abwehrmittel eine stabile strategische Balance vorstellt, wäre die Übergangsphase vom heutigen Gleichgewicht offensiver Waffensysteme sicherlich mit Schwierigkeiten belastet.

Folgeüberlegungen

Derzeit ist es unmöglich, die tatsächliche Stationierung solcher Abwehrsysteme vorherzusagen, zumal sie von mehr als nur technischen Betrachtungen abhängt. Forschungsergebnisse können lediglich Informationen über mögliche oder verfügbare Abwehrsysteme und deren Kosten vermitteln. Weder deren Machbarkeit noch eine gewünschte Installierung hängen nur von diesen Faktoren ab. Planbare Strukturen und Formen beider, eines Verteidigungssystemnetzes einerseits und offensiver Streitkräfte andererseits, müssen Reaktionen potentieller Gegner berücksichtigen. Diese Reaktionen hängen davon ab, ob defensive oder offensive Stationierungen als Teil einer gegenseitigen Rüstungskontrollvereinbarung möglich sind oder neues, unbegrenztes Wettrüsten einleiten. Schließlich hängen alle diese Faktoren vom dann vorherrschenden strategischen und politischen Umfeld ab, wenn die technische Durchführbarkeit erst einmal feststeht. Mit anderen Worten: Die Realisierbarkeit und Wünschbarkeit einer Stationierung von Abwehrsystemen wird ebenso von politischer Genialität der jeweiligen »Entscheidungsmacher« wie vom technisch-wissenschaftlichen Genius abhängen.

Bild links:
Diese Zeitaufnahme vom Eindringen der acht »Peacekeeper«-MIRV's beim Durchstoßen der Wolkendecke auf eine Zielfläche im Ozean. Im Falle eines wirklichen Angriffs wäre die MIRV-Streuung weit größer. Mehrfachgefechtsköpfe auf allen modernen ICBM haben die Erfolgserwartungen eines Angreifers wesentlich erhöht, spezifizierte Ziele zu treffen, andererseits die Abwehrmöglichkeiten nachhaltig erschwert. Trotzdem würde ein 90prozentiger Abwehrerfolg eine wahrscheinlich größere Verwüstung verringern.

Bemannte Raumfahrtprojekte

Wenn raumgestützte Abwehr gegen ballistische Flugkörper je möglich wird, sind bemannte Raummissionen für die Montage und Wartung solcher Systeme unverzichtbar. Selbst ohne solche Abwehrsysteme bleibt die bemannte Raumfahrt ein wichtiger, wenn nicht gar zentraler Teil wachsender militärischer Nutzung des Weltraums.
Bis zum Ersteinsatz amerikanischer Space Shuttle (Raumgleiter) benutzten die USA bemannte Raumsysteme nicht im größerem Umfang für militärische Zwecke, auch wenn in den 60er Jahren das MOL (Manned Orbiting Laboratory) Aufklärungsmissionen im All testete, d.h. ob dieses System als bemannte Plattform für Befehls-, Führungs- und Kommunikations (C-/3)-Aufgaben geeignet sei. Beim MOL war eine »Gemini«-Kapsel in ein zylindrisches Labormodul integriert. Das Programm begann mit dem Start einer MOL-Attrappe und einer unbemannten, mit einer Heckluke zum Umsteigen von Astronauten ins MOL modifizierten »Gemini«-Kapsel. Mit der Verfügbarkeit besserer, unbemannter Aufklärungssatelliten und aufkommenden Budgetschwierigkeiten während des Vietnamkriegs wurde das MOL-Projekt 1969 fallengelassen.
Einige der für MOL geplanten Experi-

Bild links:
Ein Space Shuttle Raumgleiter auf dem Startkomplex 6 des Raumfahrtzentrums Vandenberg AFB, Kalifornien. Der erste Shuttlestart von dort war für Anfang 1986 geplant, wurde aber wegen lokaler Probleme und nach dem »Challenger«-Unglück auf Cape Canaveral vom 28. Januar 1986 verschoben.

Bild unten:
Ein Shuttle-Raumgleiter auf der Startrampe der Vandenberg AFB. Vandenberg und Cape Canaveral dienen zivilen und militärischen Raumstarts. Vandenberg ist im Gegensatz zu Cape Canaveral für Starts in polare Orbits geeignet.

mente wurden Anfang 1970 von »Skylab«-Missionen übernommen. Wertvolle Beobachtungen sowjetischer Raumfahrt- und Flugkörperzentren und der chinesisch-sowjetischen Grenzen wurden durchgeführt. Dennoch bleiben die USA skeptisch gegenüber gegenwärtigem, militärischen Nutzen ständiger bemannter militärischer Raumstationen, weil Space Shuttles militärische Erfordernisse einer bemannten Raumpräsenz erfüllen können.

Militärische Shuttle-Missionen

Das Space Shuttle ist für zivile und militärische Aufgaben entwickelt worden. Rund 30% seiner Aktivitäten sind militärischer Natur.
Sie reichen vom Absetzen von Satelliten bis zur Durchführung von Raumexperi-

menten. Eine Flotte von fünf Shuttles wurde, ausgelegt für je bis zu 100 Missionen, gebaut. Die Raumflugzeit ist noch durch die Lebensdauer der Brennstoffzellen mit zehn Tagen begrenzt, soll aber in naher Zukunft auf 18 Tage oder gar 45 Tage Aufenthalt im Orbit ausgedehnt werden. Dies ist durch Andocken zusätzlicher, im Orbit verbleibender Sonnenenergiezellen und -batterien möglich.

Das Shuttle hat eine Nutzlastkapazität von rund 30 Tonnen, wenn es in einer Umlaufbahn mit schwacher Neigung in rund 200 km Höhe positioniert ist. In gleicher Höhe, aber mit einem polaren Orbit gestartet, vermindert sich die Nutzlast um 50%, weil dabei der Geschwindigkeitsvorteil der Erdrotation nicht voll ausgenutzt wird. Auch höhere Orbits sind mit reduzierter Nutzlast möglich.

Space Shuttle ermöglichen bis dahin ungeahnten Zugang zum All. Als Start- und Experimentalplattform sowie »Im-Orbit-Dienst«-System werden sie noch

im nächsten Jahrhundert im Einsatz bleiben. Sie bewiesen mit dem Raumstart zahlreicher Kommunikations- und ELINT-Satelliten und der Durchführung von Laser-Verfolgungstests längst ihre militärische Nutzbarkeit. Künftig werden sie auch als Plattform weiterer SDI-Projektexperimente, etwa zu Versuchen mit raumgestützten Sensoren, dienen. Sie haben auch beschädigte Satelliten »eingefangen«, repariert, aufgetankt oder im Raum gewartet, alles für unbemannte Systeme unmögliche Missionen. Angesichts enormer Kosten für militärische Satelliten ist diese Fähigkeit überaus wertvoll. Daher studiert man bereits Möglichkeiten, entsprechend modifizierte Aufklärungssatelliten im Raum aufzutanken und zu versorgen.

Bild links:
Space Shuttle (Raumgleiter) bieten unschätzbare Vorteile, einer ist die Fähigkeit, beschädigte Satelliten zur Reparatur oder Überholung »einzufangen«, was sich bereits als kostengünstig erwies, Vorhaben, die gegenwärtige unbemannte Systeme (noch) nicht ausführen können.

Bild unten:
Ein Astronaut am Arbeitskran des Space Shuttle hat sich einem beschädigten Satelliten zu Reparaturarbeiten genähert, was bisher nur mit dem Space Shuttle möglich ist. Nächste Schritte werden das Auftanken, Vorratsergänzen und Umbauen von Satelliten im Erdumlauf, schließlich die Montage ganzer Raumstationen sein.

Shuttle's ASat-Potential

Sorgen macht man sich in der Sowjetunion über die Shuttle-Fähigkeit, Satelliten aus der Umlaufbahn zu »pflücken«. Seit diese ASat-Aktivität theoretisch möglich ist, würde es gefährlich, wäre im Satelliten eine Bombe versteckt. Space Shuttle's müßten dann fremde Satelliten aus sicherer Entfernung inspizieren oder ASat-Waffen an Bord mitführen, wenn unbemannte Systeme dafür auch geeigneter wären.

Ein großer Teil der mit Shuttles ausgeführten, wissenschaftlichen Experimente dient dem SDI-Programm. »Spacelab«-Flüge, mit eigens für das Shuttle entwickelten Laboratoriumsmöglichkeiten, haben das Phänomen untersucht, wie Shuttle das Raumplasma zerreißt. Das entstehende »Kielwasser« mag die Verfolgung großer Raumkörper, die Zielverfolgung oder den Einsatz von Strahlenwaffen erleichtern. Außerdem glüht das Shuttle etwas, eine Erscheinung von wissenschaftlichem und militärischem Interesse, weil es die Position eines Raumschiffs offenbart oder sein empfindliches Instrumentarium stören kann. Um 1990 sollen Shuttles zum Absetzen von angehängten Testgeräten in

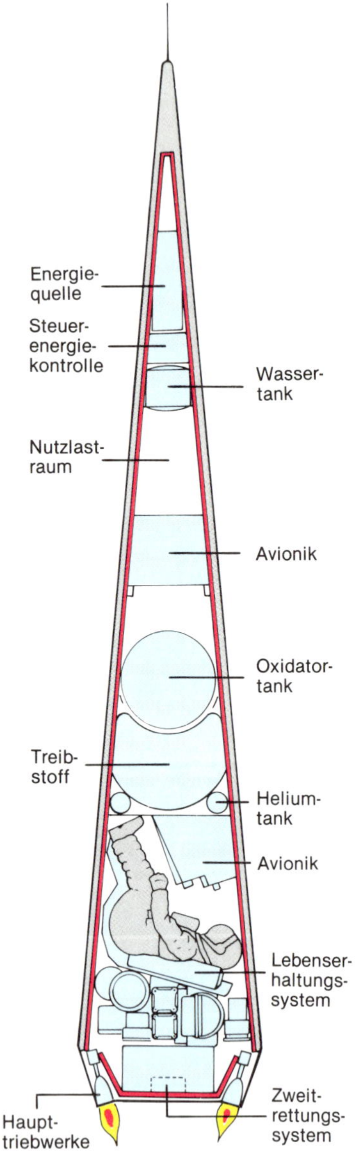

Entwurf eines einsitzigen Raumkreuzers mit synthetischer Außensicht für den Piloten. Für die ringförmig angeordneten Haupttriebwerke sind Flüssigkeitsauerstoff im runden und Flüssigwasserstoff im größeren, dahinterliegenden sphärischen Mitteltank vorgesehen. Zusätzliche Mikrotriebwerke werden für Raummanöver benötigt.

der oberen Atmosphäre dienen, wo traditionellere Sensorpakete von Sondenraketen bislang nur kurzzeitig verblieben. Dies unterstützt die Entwicklung von Sensoren und Waffen gegen durch diese Raumregion fliegende Flugkörper. Zur Unterstützung militärischer Missionsstartforderungen für polare Orbits wurde die Vandenberg AFB in Kalifornien mit einer Shuttle-Startrampe, dem Komplex 6, ausgerüstet. Schon Jahre vorher diente diese Basis zu Starts traditioneller ziviler und militärischer Raketen. Nur von Vandenberg AFB aus können Raumschiffe in polare Umlaufbahnen gebracht werden. Von Cape Canaveral aus ist dies nicht möglich, da niedergehende Startbooster dort auf das Festland fallen würden.

Gemeinsame Startanlagen

Zwischen militärischen und zivilen NASA-Startanlagen in Cape Canaveral, Florida, besteht keine grundsätzliche Unterscheidung. Daher werden in Vandenberg auch zivile, in Cape Canaveral ebenso militärische Missionsstarts durchgeführt. Der erste Shuttle-Start auf der Vandenberg AFB war für Anfang 1986 geplant. Doch schon vor der »Challenger«-Katastrophe erfolgte eine Verschiebung wegen zeitweiliger Probleme mit der Treibstoffversorgung und Überschneidung mit zivilen Startterminen.

Verschiedene Shuttle-Verbesserungen und Nachfolger sind vorherzusehen, ohne bereits sagen zu können, welche ernsthafte Entwicklung schließlich realisiert wird. Kleine ein- und zweisitzige Raumkreuzer werden für Aufklärungsmissionen, zum Absetzen und Reparieren von Satelliten, aber auch zum Besatzungsaustausch von ständigen Raumstationen im Orbit vorgeschlagen. Raumkreuzer könnten von Space Shuttle, MX-ICBM-Trägerraketen oder vom Rücken eines modifizierten B-747 Jumbojets gestartet werden. Diese Vorschläge beinhalten eine größere Orbithöhe als mit Shuttles möglich, deshalb wären solche Raumfahrzeuge sicherlich nützlich, wenngleich ihre Kostenwirksamkeit derzeit kaum abzuschätzen ist.

Verschiedene Konfigurationen eines transatmosphärischen Raumfahrzeugs oder kleinen bemannten Raumflugzeugs, das von irdischen konventionellen Start- und Landebahnen aus operiert, werden studiert. Ihr Einsatzspektrum würde Schnellreaktions- und Prioritätsstarts umfassen, die lediglich ein bis zwei Orbits für dringende Aufklärungs- oder Bombermissionen erfordern. Solche Raumflugzeuge könnten jedes Ziel auf der Erde binnen 90 Minuten erreichen. Weitere Studien befassen sich mit weit moderneren, voll wiederverwendbaren Shuttle-Nachfolgeversionen. Zum Start trüge ein Jetflugzeug das Raumschiff in größere Höhen und kehrte nach dessen Absetzen auf normale Landebahnen auf der Erde zurück. Die USA projektieren zudem eine neue Schwerlastrakete, mit der fünfmal größere Nutzlasten als mit derzeitigen Shuttles in den Orbit zu bringen sind.

Ein der Realisierung in den ersten 90er Jahren wesentlich näheres, internationales und ohne das US-Verteidigungsministerium (DoD — Department of De-

In derzeitiger Form würde ein Raumkreuzer kein ausreichendes Auftriebs/Widerstandsverhältnis für den atmosphärischen Flug aufweisen, normale Starts und Landungen auf irdischen Pisten wären unmöglich. Ein Startverfahren sieht vor, ihn mit einem Trägerflugzeug in die erforderliche Absetzhöhe zu bringen, wo er seine Raummission im Orbit beginnt. Danach landet er mittels Fallschirm wieder auf der Erde.

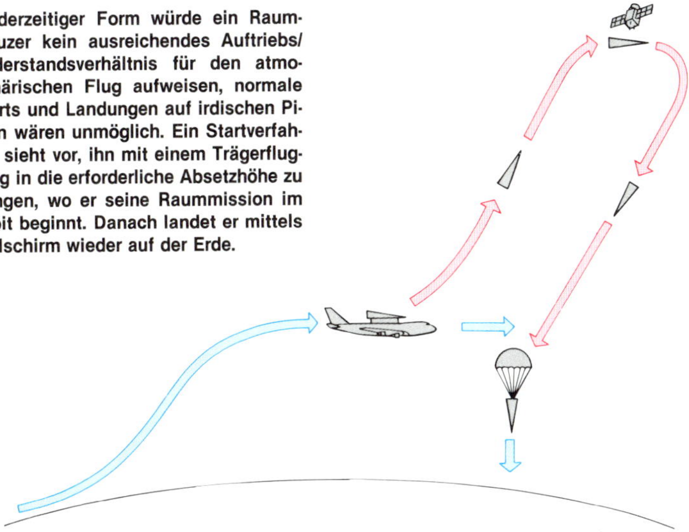

Alternativ könnten bis zu acht Raumkreuzer mit dem Shuttle in Umlaufbahnen gebracht, nach ihrem Einsatz mittels bordeigenen Manipulatorarms wieder aufgenommen und im Nutzlastraum zur Erde zurückgebracht werden.

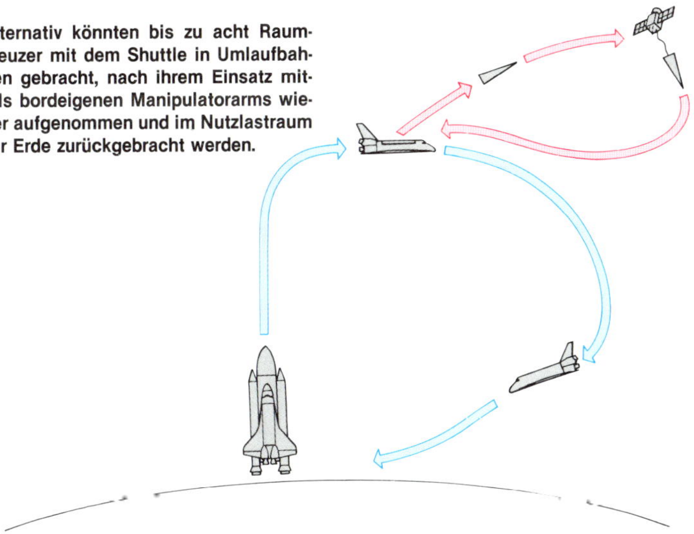

Bild oben:
USAF-Ideenskizze eines auf seinen nicht wiederverwendbaren Treibstofftank (Flüssigsauer/Wasserstoff) aufgesetzten TAV (Transatmospheric Vehicle) auf dem Buckel eines Trägerflugzeugs E-4B, in dessen großer Dachverkleidung die speziellen Kommunikationsanlagen für TAV-Missionen untergebracht sind.

Bild unten:
Ein Lockheed-TAV-Vorschlag für Geschwindigkeiten vom Unterschall bis Mach 30. Das TAV wäre ebenfalls auf transkontinentalen Linien einsetzbar.

fense) geplantes Projekt ist die amerikanische, ständig bemannte Raumstation. In der Zukunft jedoch, vor allem, wenn großmaßstäbliche BMD-Systeme stationiert sind, werden die Militärs sicherlich eine ähnliche Raumstation fordern, um Im-Raum-Reparatur-und Wartungsarbeiten an militärischen Raumsystemen durchführen zu können.

Sowjetische Raumstationen

Die Sowjetunion nutzt ihre »Saljut«-Raumstationen mit rund 100 cbm Arbeitsraum, Andocktoren an beiden Enden für bemannte Raumkapseln und unbemannte Versorgungsfahrzeuge und über 20 Sichtfenstern für Beobachtungs- und Fotoaufgaben längst für militärische und zivile Missionen. Nach ihrem Start im April 1971 führte »Saljut 1« vielfältige, wissenschaftliche Experimente mit den Kosmonauten von »Sojuz 11« an Bord durch. Nach einer 24-Stundenmission kehrte »Sojuz 11« zur Erde zurück. Beim Abstieg kam die Besatzung infolge eines Schadens am Ventilsystem durch Dekompression in der Raumkapsel ums Leben. Nach 175 Ta-

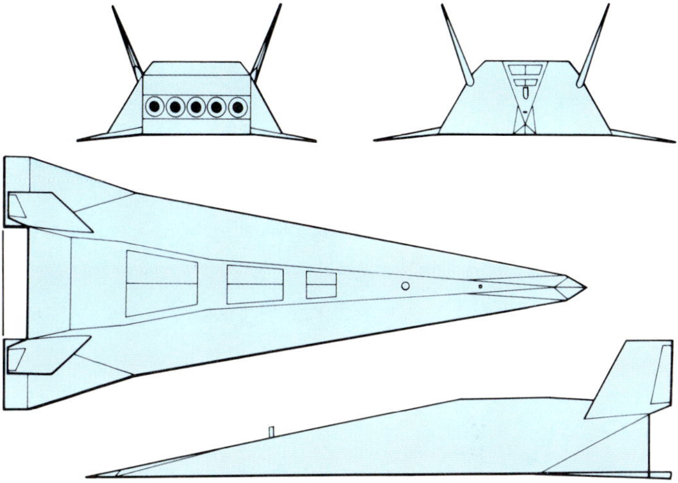

Bild oben:

Ein anderer TAV-Entwurf. Das TAV-Programm beinhaltet zahlreiche neue Struktur-, Material-, Antriebs- und Systementwicklungen. Seine Konfiguration wird aber von aerodynamischen und Wiedereintrittsforderungen bestimmt. Wie bei allen Raumfahrzeugen ist deren Bauchseite größten Hitzebelastungen ausgesetzt. Solch ein TAV könnte sowohl inner- als auch außerhalb der Atmosphäre mit Geschwindigkeiten bis Mach 25 fliegen und jeden Punkt der Erde binnen zwei Stunden erreichen.

Bild rechts:
Eine von vielen Ideen für ein Luftraumfahrzeug zeigt dies USAF-Bild eines Shuttle-ähnlichen Orbiters, der vom Rücken eines wiederverwendbaren Schwerlastträgerflugzeugs startet.

Bild unten:
Dieses Boeing-Konzept einer ständig bemannten Raumstation könnte mit bereits vorhandenen Technologien realisiert werden.

gen unbemannter Orbits kehrte »Saljut 1« in die Erdatmosphäre zurück. »Saljut 2« brach kurz nach dem Start im April 1973 auseinander. Einen Monat später folgte mit »Kosmos 557« der erneute Versuch eines Raumstationsstarts, doch auch dieses Raumfahrzeug erreichte nur sehr niedrige Umlaufbahnen und verglühte nach elf Tagen.
Im Juni 1974 folgte dem Start von »Saljut 3« wenige Tage später »Sojuz 14« mit Andocken an die Raumstation. »Saljut 3« war eindeutig eine militärische Mission mit niedrigerer als bei früheren Starts und für Aufklärungsaufgaben geeigneterer Umlaufbahn. Nahe dem Tyuratam Raumfahrtzentrum (Baikonur) hatten die Sowjets deshalb für die Besatzung besondere Fotoziele ausgelegt. Nach 16 Tagen an Bord kehrten die Kosmonauten zur Erde zurück, danach arbeitete »Saljut 3« auch nach einem Andockfehlversuch von »Sojuz 15«, automatisch in der Aufklärung weiter und dürfte für den Rest seines Orbitdaseins unbemannt geblieben sein. Nach sieben

CCCP

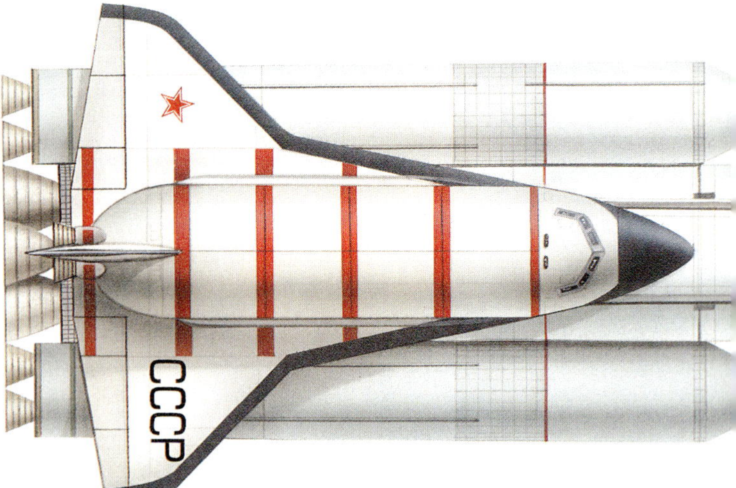
CCCP

Monaten im All warf »Saljut 3« eine Filmkapsel zur Erde ab und verglühte dann in der Atmosphäre.

»Saljut 4« war eine zivile Raumstation, während »Saljut 5« nach seinem Start im Juni 1975 zivile und militärische Missionen ausführte. Auch hierbei war die militärische Hauptaufgabe Bildaufklärung, bei der wiederum das automatische Filmkapselabwurfsystem eingesetzt wurde.

»Saljut 7« dürfte nach dem Start im April 1982 militärische, darunter Aufklärungsaktivitäten, und zivile Aufgaben erfüllt und zudem als Zielsatellit für Laserverfolgungsexperimente gedient haben. Es wird angenommen, daß die Sowjets eine viel größere Raumstation mit mindestens sechs Andocktoren entwickeln.

Die UdSSR steht außerdem kurz vor Entwicklungsabschluß eines, dem amerikanischen recht ähnlichen Space Shuttle, dessen Haupttriebwerke jedoch am großen Zentraltreibstofftank angebracht sind und die beiden Abwurftanks statt Fest- hier Flüssigtreibstoff enthalten. Zwei Shuttle Orbiter wurden von US-Aufklärungssatelliten fotografiert. Gefesselte Flugtests wurden auf dem Rücken eines dafür umgebauten »Bison«-Bombers durchgeführt. Das Programm

Die US-Vorstellung eines sowjetischen bemannten Raumstationkomplexes, basierend auf vorhandener Hardware. Das sich zum Andocken nähernde Shuttle dürfte in Kürze einsatzbereit sein.

Bild unten:
Zuverlässigen US-Quellen zufolge befindet sich dieses sowjetische Schwerlaststartgerät mit einem Abhebegewicht von 1.968 Tonnen bereits in der Endentwicklungsphase. Trotz seiner Ähnlichkeit ist es doch keine simple Kopie des US Space Shuttle und seines Startträgersystems, z.B. sind die Hauptstartraketen am zentralen Treibstofftank angeordnet.

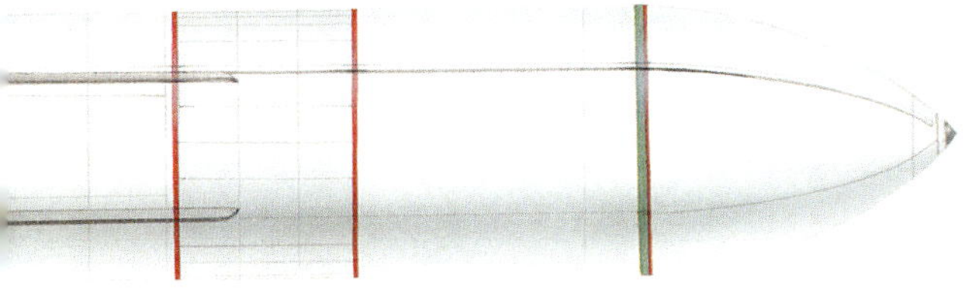

scheint durch Boosterprobleme verzögert worden zu sein.
Ein kleinerer, wiederverwendbarer »Mini-Shuttle« soll zudem in Entwicklung stehen, mit einem Maßstabsmodell haben Orbitalversuche stattgefunden, wobei noch ungeklärt ist, ob es sich um rein konstruktionsmäßige Tests oder eine weitere Stufe zur Vollentwicklung handelt. Träfe letzteres zu, dürfte der »Mini-Shuttle« als leichter Versorgungstransporter für Raumstationen und militärische Schnellreaktionseinsätze vorgesehen sein. Als Startfahrzeug dient wahrscheinlich die SL-X-16 Boosterrakete mit Flüssigtreibstoff der größeren sowjetischen Shuttle-Version.
Schließlich steht eine superschwere Trägerrakete mit rund 150 Tonnen Nutzlast (fünfmal so groß wie die des US-Shuttle) in Entwicklung, mit der Raumstationen und evtl. auch Laser-ASat-Waffensysteme in Umlaufbahnen gebracht werden sollen.

Ein außergewöhnliches, von einem australischen P-3-Aufklärer gemachtes Bild des sowjetischen Shuttle-Versuchsgerät beim Auffischen aus dem Indischen Ozean.

Zusammenfassung

Alles deutet auf eine dramatische Ausweitung militärischer Raumfahrtaktivitäten hin. Die Fähigkeiten militärischer Satelliten wachsen laufend und Bodenstreitkräfte werden immer abhängiger von ihnen. Die militärische Weltraumnutzung wird zwar immer wieder gebrandmarkt, doch ist eine pauschale Verurteilung ungerechtfertigt, weil diese Satelliten zum strategischen Gleichgewicht und zur Rüstungskontrolle beitragen. ELINT-Satelliten warnen vor größeren militärischen Aktivitäten, während Aufklärungssatelliten Struktur und Stärke militärischer Streitkräfte und deren offensive Aufmärsche festellen, und sie überwachen die Einhaltung bestehender Abrüstungsvereinbarungen. All diese Maßnahmen dienen der Schaffung größeren gegenseitigen Vertrauens und helfen gefährliche Überreaktionen aufgrund zu pessimistischer Einschätzung erhöhter militärischer Aktivitäten und Fähigkeiten des potentiellen Gegners zu vermeiden. Folglich tragen diese »Himmelsspione«, auch wenn dieser Ausdruck unheilverkündend anmutet, dazu bei, daß beide Supermächte aufrichtig und besonnen bleiben.

ASat-Kontroverse

Die Bewaffnung des Weltraums ist eine andere Sache. Man kann verschiedener Meinung über die Auswirkung von ASat-Waffen auf die Stabilität sein. Viele Leute würden akzeptieren, daß die strategische Stabilität größer wird, wenn keine ASat-Waffen stationiert werden. Unglücklicherweise schließen gegebene technische Möglichkeiten eine einfache Verabredung zwischen den Großmächten aus, keine solchen Waffen zu installieren, weil nämlich viele ASat-Systeme, wie Laser, Interzeptoren, ECM usw., erst entdeckbar sind, wenn sie in Funktion gesetzt werden. Daher wäre ein ASat-Abkommen nicht verifizierbar.

Eine Lösung dieses schwierigen Problems scheint ggfs. bei gegenseitigem ASat-Waffentestbann in großen Höhen möglich, der Systementwicklungen verhinderte, die wichtige Satelliten bedrohen und jenseits heutiger ASat-Waffenreichweite operieren. Der Mangel liegt darin, daß für niedrige Orbits entwickelte ASat-Techniken durch Einsatz stärkerer Trägerraketen leicht für höhere Umlaufbahnen zu nutzen wären.

Ein weiteres Hindernis für ein künftiges ASat-Abkommen ist die weitreichende Überlappung zwischen ASat- und BMD-Technologien. Ein ASat-Vertrag könnte so Projekte zur Abwehr ballistischer Flugkörper ernsthaft gefährden, andererseits die Entwicklung neuer ASat-Waffen unter dem Vorwand von BMD-Programmen ermöglichen.

Trotz wünschbaren Abschlusses eines ASat-Systemabkommens, wodurch beide Supermächte einen Vorteil in erhaltener Überlebensfähigkeit ihrer Satelliten hätten, darf die Fortsetzung von ASat-Entwicklungen nicht überraschen. So mag argumentiert werden, daß der beste Schutz eigener Satelliten gegen Angriffe des Gegners in der Bedrohung der Satelliten des Gegners läge.

Noch komplizierter ist die Lage bei Abwehrwaffen gegen ballistische Flugkörper. Der emotionale Reiz, solche Waffen zu bauen, ist offensichtlich, Kontroversen drehen sich um deren technische Machbarkeit und strategische Wünschbarkeit. Derzeitige Entwicklungsprogramme mögen einerseits die Diskussion um die technische Problematik mindern, andererseits aber die strategischen Fragen offen lassen, weil es dazu keine einfachen endgültigen Antworten gibt. Dennoch könnte ein entschiedener Schlußstrich gezogen werden.

Beide Supermächte machen weiterhin große Anstrengungen, die BMD-Entwicklungen voranzutreiben. Weil weitgehend veröffentlicht, wird das US-Programm am meisten kritisiert. Die Kritiker sollten sich jedoch bewußt machen, daß trotz verständlicher Ablehnung tatsächlicher BMD-Stationierung die amerikanischen Forschungen fortgesetzt werden müssen, gewissen Schutz bieten (zumal die UdSSR ihrerseits die Entwicklungsforschungen fortsetzt) oder als Faustpfand geeignet sind. Wenn die Sowjets ihre BMD-Forschung fortsetzen, wäre es tollkühn und fahrlässig zugleich für die USA, dies nicht zu tun.